COOKBOOK

會說話的食譜書
孕產婦營養餐

陳志田 主編

目錄 CONTENT

PART 1 孕產期營養餐，營養飲食面面俱到

PART 2 懷孕早期的營養餐，開胃消食吃得巧

PART 3 懷孕中期的營養餐，進補營養正當時

PART 4 懷孕晚期的營養餐，飲食均衡最重要

PART 5 產後月子餐，恢復身體是關鍵

PART 6 產後營養餐，哺乳媽媽吃得全

PART 1

孕產期營養餐
營養飲食面面俱到

懷孕期、月子期、哺乳期
的婦女不僅要飲食合理，
營養全面，而且懷孕期要
兼顧胎兒的健康發育，哺
乳期要注意母乳的營養均
衡，這些都讓孕產婦「吃
什麼，怎麼吃」的問題變
得特別重要。本章將仔細
地為大家講解一些孕產婦
女的飲食宜忌，幫助妳孕
育健康寶寶。

孕期所需各種營養的補充時間表

妊娠期間，女性對營養的需求均有所增加，故需要補充更多的營養。準媽媽營養狀況的好壞，直接影響胎兒的身體發育，而且對胎兒大腦和智力的發育也至關重要。以下是孕期各個階段需要補充的各種營養素。

0～8週 補充葉酸和維生素 B₆

〔作用〕防止胎兒出現神經器官缺陷、抑制妊娠嘔吐

葉酸是一種 B 族維生素，也是胎兒生長發育不可缺少的營養素。妊娠第 4 週胚胎就形成了原始腦泡，這時候是神經器官發育的關鍵時期，很容易受到致畸因素的影響。若此時缺乏葉酸將可導致胎兒神經管畸形。

補充葉酸可以防止貧血、早產以及胎兒畸形。因此，孕媽媽應從孕前 3 個月開始補充葉酸，而且每天補充的量由 400 微克逐漸增加到 600～800 微克。富含葉酸的食物主要有蔬菜中的萵苣、菠菜、番茄、胡蘿蔔、青江菜、花椰菜、小白菜等；新鮮水果中的橘子、草莓、櫻桃、香蕉、檸檬、楊梅、石榴、葡萄、獼猴桃等；動物性食品中的豬肝、牛肝、雞肝、雞肉、牛肉、羊肉、雞蛋，還有黃豆、豆製品、腰果、栗子、松子、糙米等。

9～12週 補鎂和維生素 A

〔作用〕促進胎兒生長發育

鎂對胎兒肌肉的健康非常重要，且有助於骨骼的正常發育。懷孕 9～12 週已能夠清晰地看到胎兒脊柱的輪廓，脊髓神經也開始生長。所以，孕前 3 個月攝取鎂的數量關係到腹中小寶寶的身高、體重和頭圍大小。鎂廣泛存在於葉菜類蔬菜和其他食物中，如豆芽、大豆、大麥、豌豆、麥芽、蕎麥、蛋黃、香蕉、紅糖、紅果、大茴香、黃瓜、枸杞子等。另外，孕婦如果缺鎂，會常常出現情緒不安、容易激動，嚴重時還會發生昏迷、抽搐等症，這對胎兒的正常發育是極為不利的。維生素 A 是胎兒整個發育過程中不可缺少的營養素，尤其能保證胎兒的皮膚和視力的健康。懷孕早期補充維生素 A，建議以食物攝取為主，藥物為輔。

因此，懷孕早期要儘量多吃富含維生素 A 的食物，如動物肝臟、牛奶、瘦肉、胡蘿蔔、南瓜、青椒、小白菜、油菜、芹菜、蘆筍、雞蛋、豌豆、香蕉、鯽魚和帶魚等。

13～16週 補鋅

〔作用〕防止胎兒發育不良

由於胎兒生長發育迅速，準媽媽常常會有缺鋅的現象。

懷孕早期正是胚胎形成、器官分化、初具人形的時期，如果母體內鋅含量不足，會影響胎兒在子宮內的生長，會使胎兒的腦、心臟等重要器官發育不良。

同時，缺鋅還會造成孕媽媽味覺減退、食慾不振、消化和吸收功能不良、免疫力降低，這樣勢必造成胎兒在子宮內發育遲緩。

富含鋅的食物有生蠔、牡蠣、肝臟、芝麻、蕎麥、玉米、豆製品、紫菜、花生、核桃仁、牛羊肉、豬肉、魚等。但補鋅也要適量，每天膳食中鋅的補充量不宜超過45毫克。

17～20週 補鈣和維生素D

〔作用〕促進胎兒骨骼和牙齒的發育

鈣是骨骼和牙齒的重要組成物質。孕17～20週，胎兒的骨骼和牙齒生長得特別快，是迅速鈣化時期，所以需要大量的鈣。一旦孕媽媽缺鈣，則易導致小腿痙攣、腰痠背痛、關節痛、水腫，並誘發妊娠期高血壓綜合症；胎兒則容易出現骨骼和牙齒發育不良，出生後體重過輕、骨骼病變，還易患佝僂病。

因此，在此孕期，牛奶、孕婦奶粉或優酪乳是準媽媽每天必不可少的補鈣飲品，鈣含量豐富的食物還有蝦米、蝦皮、海帶、芝麻、芝麻醬、大豆、豆製品、動物骨頭、蛋黃、芹菜葉、雪菜。另外，單純補鈣是不夠的，應同時補維生素D，因為維生素D可促進鈣質吸收。

維生素D具有抗佝僂病的作用，對胎兒的骨骼、牙齒的形成也極為重要。維生素D缺乏時，孕婦會出現骨骼軟化，胎兒則會有出生後牙齒萌出較遲等不良影響。

孕媽媽可以透過晒太陽獲得維生素D，還可從魚肝油、黃油、沙丁魚、小魚幹、動物肝臟、蛋類、添加了維生素D的乳製品中補充。

21～24週 補鐵

〔作用〕防止缺鐵性貧血

此時的孕媽媽和胎兒的營養需要量都在猛增，許多準媽媽會開始出現貧血症狀。鐵是組成紅血球的主要材料之一，所以，此孕期的孕媽媽要注意鐵元素的攝入。孕媽媽如果因缺鐵導致貧血，不但可能導致自身出現心慌氣短、頭暈、乏力，還可能導致胎兒肝臟內儲存的鐵量不足，出生後會影響嬰兒早期血紅色的合成，進而導致嬰兒貧血。

為避免發生缺鐵性貧血，準媽媽應該注意膳食的調配，要多吃一些含鐵質豐富的蔬菜、動物肝臟、瘦肉、豬血、雞蛋黃、芹菜、油菜、腐竹、黃豆、黑豆、綠豆等食物。

25～28週 補「腦黃金」

〔作用〕優化大腦發育

DHA、EPA和腦磷脂、卵磷脂等物質合在一起，被稱為「腦黃金」。「腦黃金」對於懷孕7個月的準媽媽來說，意義重大。首先，「腦黃金」可防止胎兒發育遲緩，預防早產。其次，此時胎兒的神經系統逐漸完善，尤其是大腦細胞發育速度比懷孕早期明顯加快。而足夠的「腦黃金」的攝入，能保證胎兒大腦和視網膜的正常發育。如果母體中缺少「腦黃金」，對胎兒及視網膜的形成和發育是極為不利的。

所以，孕媽媽除了服用含「腦黃金」的營養品外，還應多吃些富含天然亞油酸、亞麻酸的核桃、松子、葵花子、榛子、花生等堅果類食品以及海魚、魚油、鱔魚、秋刀魚等海產品。

29～32週 補蛋白質

〔作用〕增加產後奶水量

多數孕婦都知道懷孕期應該補充大量的營養，補充蛋白質也是孕期不容忽視的事情，尤其是在懷孕晚期，準媽媽需要儲存一定量的蛋白質，以供產後分泌充足的乳汁。而在懷孕晚期，胎兒在自己體內也會儲存一些蛋白質。此外，此時補充充足的蛋白質還可以幫助準媽媽經受住分娩過程中巨大的體能消耗，減少難產機率，減少營養缺乏性水腫及妊娠高血壓疾病的發生。

因此，懷孕晚期每天攝取的蛋白質應該比懷孕前多20～25克，每日攝取量達到80～90克，所以應多食肉、魚、蛋、奶以及豆類製品等蛋白質豐富的食物。

33～36週 補膳食纖維

〔作用〕防止便祕，促進腸道蠕動

懷孕後期，因為胎兒不斷長大，所以會壓迫孕婦的胃，引起胃部灼熱，孕媽媽很容易發生便祕。

膳食纖維對保證消化系統的健康非常重要，也能夠緩解便祕帶來的痛苦。所以，孕媽媽應該注意攝取足夠量的膳食纖維，以促進腸道蠕動。

全麥麵包、芹菜、胡蘿蔔、番薯、馬鈴薯、豆芽、菜花、草莓、蘋果等各種食品中，都含有豐富的膳食纖維。

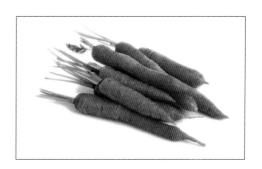

37～40週 補維生素 B_1

〔作用〕幫助孕媽媽順利分娩

懷孕晚期，孕媽媽必須補充各類維生素和足夠的鐵、鈣以及充足的水溶性維生素，尤其是維生素 B_1。如果缺乏，則容易引起孕媽媽嘔吐、倦怠、氣喘、多發性神經炎等症狀，還會使肌肉衰弱無力，以致分娩時子宮收縮緩慢，延緩產程。所以，孕婦要多吃富含維生素 B_1 的大米、麵粉、玉米、黃豆、綠豆、花生、瘦肉、豬腎、豬心等。

正確飲食緩解孕吐

懷孕早期有很多孕婦都有噁心、嘔吐的症狀,嚴重的甚至是吃什麼吐什麼,這是懷孕期間的正常表現,但是也需要特別注意飲食,以免造成營養不良。那麼,該如何減輕這種不適呢?

妊娠嘔吐期的飲食注意事項

孕婦應正確對待妊娠反應,保持樂觀情緒。調節飲食,保證營養,滿足胎兒的營養需求。進食的嗜好有改變時,不必忌諱,建議可以適當的吃一些偏鹼性食物。懷孕後短暫的興奮一過,血糖會直線下降,反而比以前更加倦怠,不要以咖啡、糖果、奶油蛋糕來提神。另外,像是食物,如辛辣、口味重、油膩、巧克力、酒、碳酸飲料等也要避免。

輕度妊娠嘔吐的飲食糾正

以少食多餐代替三餐,想吃就吃,多吃含蛋白質和維生素的食物。飯前少飲水,飯後足量飲水,能喝多少就喝多少。也可吃流質、半流質食物。有妊娠嘔吐的孕婦常會喜歡吃涼食,有的書上認為孕婦吃涼食對胎兒發育有害,這樣的說法沒有依據,可適當食用一些涼性食物。

吃酸味食物可以減輕孕吐

孕婦可適量的吃一些酸食,因為酸味食物能刺激胃酸分泌,提高消化酶活性,促進胃腸蠕動,增加食慾。還要適當的吃一些偏鹼性食物,防止酸中毒。檸檬富含維生素C,有健脾助消化之效,孕婦可以自製些蘋果檸檬汁,既可緩解孕吐,又可補充維生素和礦物質。在早晨起床後嗅一嗅檸檬,有助於緩解晨吐。但是,有胃酸過多的人和胃潰瘍患者要少吃。

正確使用維生素B_6

維生素B_6能避免早孕反應的加重,可是要注意不能因為有孕吐的反應就反覆使用維生素B_6,這會使胎兒產生藥物依賴,但是可以適當的吃一些馬鈴薯。馬鈴薯富含豐富的碳水化合物,同時還含有較多的維生素B_6,因此懷孕早期婦女不妨多吃些馬鈴薯,既可幫助緩解厭油膩、嘔吐的症狀。

良好的飲食習慣可以減少孕吐

懷孕早期的膳食原則以清淡、少油膩、易消化為主。要少量多餐,每2～3小時進食一次。妊娠噁心、嘔吐多在清晨空腹時較嚴重,為減輕孕吐反應,可吃些較乾的食物,如烤饅頭片、麵包片、餅乾等。

哪些食物容易導致流產？

準媽媽懷孕以後，在各方面都要注意，尤其是飲食方面。日常生活中有很多東西平時很有營養但卻對孕婦不利，那麼，易引起流產的食物有哪些呢？

螃蟹

螃蟹味道鮮美，蟹肉具有清熱散結、通脈滋陰、補肝腎、生精髓、壯筋骨的功效。螃蟹性寒涼，可活血祛瘀，但孕婦食用後，會對懷孕早期的孕媽媽造成出血、流產。尤其是蟹爪，有明顯的墮胎作用，所以對孕媽媽不利。而且，螃蟹這種高蛋白食物，很容易變質腐敗，若是誤吃了死蟹，輕則會頭暈、腹疼，重則會嘔吐、腹瀉，甚至流產。所以，孕媽媽應禁食螃蟹。

甲魚

甲魚本身含有豐富的蛋白質，還具有通血絡與活血的作用，可化瘀散結。因此，臨床上使用甲魚對腫瘤病人進行食療，以抑制腫瘤的生長。但對孕媽媽來說，甲魚卻是必須禁食的，因為它會對正在子宮內生長的胎兒造成破壞，抑制其生長，易造成流產或對胎兒生長不利。而且，甲魚本身就是鹹寒食物，食用後可能導致流產，尤其是鱉甲的墮胎之力比鱉肉更強。另外，妊娠合併慢性腎炎、肝硬化、肝炎的孕媽媽吃甲魚，有可能誘發肝昏迷，所以孕媽媽應禁食甲魚。

薏米

薏米是一種藥食同源之物，其性寒。中醫認為，薏米具有利水滑胎的作用，孕期食用容易造成流產，尤其是懷孕早期的3個月內。《飲食須知》中道「以其性善者下也，妊婦食之墜胎。」臨床上也發現，孕期女性吃太多的薏米，可促使子

宮收縮，誘發流產。因此，孕期應禁食薏米。

馬齒莧

馬齒莧又稱馬齒菜，既是藥物又可作為蔬菜食用。但因其性寒滑，所以懷孕早期，尤其是有習慣性流產史的孕媽媽應禁食。正如《本草正義》中所說：「兼能入血破瘀。」明朝李時珍也認為，馬齒莧有散血消腫、利腸滑胎的作用。而且，近代臨床實踐認為馬齒莧汁對子宮有明顯興奮作用，能使子宮收縮次數增多、強度增大，容易造成流產。所以，孕媽媽不宜吃馬齒莧，但在臨產前又屬例外，多食馬齒莧，反而有利於順產。

杏仁與杏子

杏仁有降氣、止咳、平喘、潤腸通便的功效。但是，中醫認為杏仁有小毒，不宜多食。杏仁中含有劇毒物質氫氰酸，能使組織窒息而亡。所以，為了避免其有毒物質透過胎盤屏障影響胎兒，孕婦應禁食杏仁。杏子味酸、大熱，且有滑胎作用。由於妊娠胎氣胎熱較重，所以一般應遵循「產前宜清」的飲食原則，而杏子的熱及其流產特效，為孕婦之大忌。

苦瓜

中醫認為，苦瓜具有清熱消暑、養血益氣、補腎健脾、滋肝明目的功效，對治療痢疾、瘡腫、熱病煩渴、中暑發熱、痱子過多、眼結膜炎、小便短赤等病有一定的輔助作用。因苦瓜性寒，故脾胃虛寒者不宜多食。

另外，苦瓜內含有奎寧，奎寧會刺激子宮收縮，引起流產。所以，有人主張，孕婦不宜吃苦瓜。雖然奎寧在苦瓜中的含量很少，孕婦適量吃點並無大礙，但是，為了慎重起見，孕婦還是應該少吃苦瓜。

山楂

山楂開胃消食，酸甜可口，由於孕媽媽懷孕後常有噁心、嘔吐、食慾不振等早孕反應，所以喜歡吃些山楂或山楂製品以增進食慾。其實，山楂雖然可以開胃，但對孕媽媽很不利。經研究表明，山楂有活血通瘀的功效，對子宮有興奮作用，孕媽媽食用過多可促進子宮收縮，進而增加流產的機率。尤其是以往有過自然流產史或懷孕後有先兆流產症狀的孕媽媽，更不應該多吃山楂和山楂製品。

桂圓

桂圓主要含有葡萄糖、蔗糖、維生素等物質，營養豐富。民間有「孕婦吃桂圓可保胎」的說法，但這種說法是不科學的，應該加以糾正。中醫學認為，桂圓雖有補心安神、養血益脾的功效，但其性溫大熱，極易助火，一切陰虛內熱體質以及患熱性病者均不宜食用。孕媽媽陰血偏虛，陰虛則滋生內熱，因此常常會有大便乾燥、口乾而胎熱、肝經鬱熱的症狀。孕媽媽食用桂圓後，不僅不能保胎，反而容易出血、腹痛等先兆流產症狀。而孕晚期服用有可能導致「見紅」、早產。因此，孕媽媽應禁食桂圓。

木瓜

雖然木瓜有美容、護膚、烏髮等功效，但是木瓜性偏寒，因此胃寒、體虛者不宜多吃，否則容易腹瀉或胃寒。孕媽媽是不宜食用太過於寒性的食物的。而且，木瓜具有活血化瘀的作用，食用過多也不利於保胎。

另外，現代醫學研究發現，木瓜中含有的木瓜苷有增加子宮收縮的作用，還含有雌性激素（青木瓜中含量最多）容易干擾體內的激素變化。所以，為了避免意外流產或早產，孕媽媽最好不要吃木瓜，無論生熟都不宜吃，因為即便木瓜煮熟了，也不能破壞木瓜苷。

落葵

落葵又叫滑腹菜、豆腐菜、木耳菜，是我國古老的蔬菜。因為它的葉子近似圓形，肥厚而黏滑，好像木耳的感覺，所以也稱為木耳菜。落葵的嫩葉烹調後清香鮮美，口感嫩滑，深受大家的喜愛。

雖然落葵的營養含量極其豐富，尤其鈣、鐵等元素含量甚高，且熱量低、脂肪少，不過落葵性寒，味甘、酸，有滑利涼血的功效，所以處於懷孕早期以及有習慣性流產（即中醫所說滑胎）的孕媽媽，一定不要食用。

荸薺

荸薺雖然營養豐富，但是很多人並不建議孕婦在懷孕早期食用荸薺。因為荸薺屬於寒性滑利之品，對懷孕早期有一定的影響，能促使子宮收縮，因而有誘發流產的可能。不過，懷孕晚期常吃荸薺，可以預防妊娠水腫及妊娠期間併發的急、慢性腎炎，以及妊娠合併肝炎等疾患。食用荸薺時應特別注意，因為荸薺生長於水田中，易感染水田中常見的寄生蟲，未經洗淨生食易感染，所以應以熟食為宜。如果必須生食時，應充分浸泡後刷洗乾淨，以沸水燙過，削皮後再吃為妥。

慈姑

慈姑有活血的作用。《隨息居飲食譜》中明確指出：「慈姑功專破血、通淋、滑胎、利竅。多食動血，孕婦尤忌之。」尤其是在懷孕早期和有習慣性流產史的孕媽媽，更應忌食之，因為活血破血、滑胎利竅之品，均對妊娠不利。

蘆薈

蘆薈是集食用、藥用、美容、觀賞於一身的保健植物新星，深受女性的喜愛。不過，孕媽媽食用蘆薈可能引起消化道不良反應，如噁心嘔吐、腹痛腹瀉，甚至出現便血，嚴重者還可能引起腎臟功能損傷；蘆薈還能使女性骨盆內臟器充血，促進子宮的運動，孕媽媽服用容易引起腹痛，出血量增多甚至導致流產。同時要注意，孕媽媽不可食用含有蘆薈成分的保健品，也不要使用含有蘆薈成分的護膚品。

黑木耳

黑木耳質地柔軟，味道鮮美，營養豐富，可素可葷，不但為菜餚大添風采，而且能養血駐顏，祛病延年。現代營養學家盛讚黑木耳為「素中之葷」，其營養價值可與動物性食物相媲美。黑木耳又具有活血化瘀的功效，不利於胚胎的穩定和生長，容易造成流產，所以孕媽媽應該慎食。

咖啡

咖啡的主要成分為咖啡因。咖啡因有興奮中樞神經的作用，孕媽媽大量飲用後，會出現噁心、嘔吐、頭暈、心跳加快等症狀。同時，咖啡因能迅速透過胎盤作用於胎兒，使胎兒直接受到咖啡因的不良影響，剛剛懷孕的女性很容易發生先兆性流產。而且，咖啡中的咖啡鹼，還有破壞維生素 B_1 的作用，以致出現煩躁、容易疲勞、記憶力減退、食慾下降及便祕等症狀；嚴重的可發生神經組織損傷、心臟損傷、肌肉組織損傷以及浮腫。所以，建議孕媽媽不要大量飲用咖啡類飲品。

蜜餞

不少懷孕初期的女性，因早孕引起胃腸道反應，喜歡食用酸甜可口的果脯蜜餞。據相關資料指出，妊娠早期大量食用含有食品添加劑的果脯蜜餞，對胎兒的胚胎發育是不利的。

蜜餞雖然食用方便，風味俱佳，但經過了層層加工後，蜜餞僅能保留原料的部分營養，再加上添加了亞硝酸鹽等防腐劑、著色劑、香精以及過高的鹽和糖，蜜餞被有關國際醫學組織定為十大「垃圾」食品之一。這些添加物質大都是人工合成的化學物質，在正常標準範圍內影響不大，但對組織胚胎是有一定影響的。如長期大量食用也會引起慢性中毒，甚至引起孕婦流產或胎兒畸形。

從飲食上預防孕產期疾病

日常飲食中有很多食物看似平常，其實對孕產婦具有非常好的保健作用。如果注意攝取這些食物，可以幫助孕產婦健康地孕育養護胎兒。

富含維生素C的果蔬可預防先兆子癎

先兆子癎是由於血管的氧化性應激所致，是懷孕晚期容易發生的一種嚴重併發症，影響著孕婦和胎兒的安危。蔬菜和水果中富含維生素C，而維生素C是一種抗氧化劑，能使血管的氧化性應激反應降低，因而可避免或停止它的發生和發展。因此，專家建議孕晚期應注意多攝取富含維生素C的新鮮蔬菜和水果，如獼猴桃、鮮棗、草莓、葡萄、檸檬、枇杷、橙、柿子、哈密瓜、花椰菜、雪裡紅、芥菜、番茄、白菜、韭菜、蓮藕，建議孕婦每天的維生素C攝取量為130毫克。

蜂蜜有促進睡眠並預防便祕

在天然食品中，大腦神經元所需要的能量在蜂蜜中含量最高。如果孕婦在睡前喝上一杯蜂蜜水，所具有的安神之功效可緩解多夢易醒、睡眠不香等不適，改善睡眠品質。另外，孕婦每天飲水時，如果在水中加入數滴蜂蜜，可緩下通便，有效地預防便祕和痔瘡。

冬瓜和西瓜可幫助消除下肢水腫

懷孕晚期，由於子宮增大壓迫下腔靜脈，血液回流受阻，導致孕婦足踝部常出現體位性水腫，但一般經過休息就會消失。如果休息後水腫仍不消失或水腫較重又無其他異常時，為妊娠後期常見現象，

不必做特殊治療，只須在飲食上稍加注意即可。冬瓜性寒味甘，水分豐富，可以止渴利尿，如果和鯉魚一起熬湯，可使孕婦的下肢水腫症狀有所改善。西瓜具有清熱解毒、利尿消腫的作用，經常食用會使孕婦的尿量增加，從而排出體內多餘水分，幫助消除下肢水腫。

南瓜能防治妊娠水腫

妊娠水腫是孕婦特有病症，通常發生在妊娠中後期，表現為面目腫脹漸及下肢，有的甚至遍及全身，治療的同時可以採取食療來輔助。南瓜含豐富的營養，孕婦食用南瓜不僅能促進胎兒的腦細胞發育，增強其活力，還可防治妊娠水腫、高血壓等孕期併發症，更能促進血凝及預防產後出血。經常喝些南瓜粥，可促進肝腎細胞再生，同時對早孕反應後恢復食慾及體力有促進作用。

葵花子能降低流產的危險性

流產不僅影響女性的身體健康，同時也會給身心帶來傷害。葵花子裡富含維生素E，而維生素E能維持生殖器官正常機能，促進卵泡的成熟，增強孕酮的作用。如果孕婦缺乏維生素E，容易引起胎動不安或流產後不容易再孕。孕期多吃一些富含維生素E的食物（如每天吃2湯匙葵花子，即可滿足所需），有助於安胎，降低流產的危險性。玉米油、花生油以及芝麻

油中維生素E的含量也較高。

芹菜、魚肉、鴨肉可防治妊娠高血壓綜合症

芹菜中富含芫荽苷、胡蘿蔔素、維生素C、煙酸及甘露醇等營養素，特別是葉子中的某些營養素要比芹菜莖更為豐富，具有清熱涼血、醒腦利尿、鎮靜降壓的作用。懷孕晚期經常食用芹菜，可以幫助孕婦降低血壓，對缺鐵性貧血以及由妊娠高血壓綜合症引起的先兆子癇等併發症，也有防治作用。將帶根芹菜和粳米同煮成降壓芹菜粥，分早、晚兩頓食用，有不錯的降壓效果。

魚肉富含優質蛋白質與優質脂肪，其所含的不飽和脂肪酸比任何食物都多。不飽和脂肪酸是抗氧化的物質，它可降低血中的膽固醇和甘油三酯，抑制血小板凝集，從而有效地防止全身小動脈硬化及血栓的形成。所以，魚肉也是孕婦防治妊娠高血壓綜合症的理想食品。另外，魚油也有改善血管壁脂質沉積的作用，對防治妊娠高血壓綜合症有益。

鴨肉性平和而不熱，脂肪高而不膩。它富含蛋白質、脂肪、鐵、鉀等多種營養素，有袪病健身的功效。不同品種的鴨肉，食療作用不同。其中純白鴨肉，可清熱涼血，患妊娠高血壓綜合症的孕婦宜常食用。研究指出：鴨肉中的脂肪不同於黃油或豬油，其化學成分近似橄欖油，有降

低膽固醇的作用，對防治妊娠高血壓綜合症有益。

動物肝臟能預防缺鐵性貧血

　　孕期血容量比未孕前增加，血液被稀釋，孕婦會出現生理性貧血，以鐵補充不足而發生的缺鐵性貧血最為常見。因孕婦、胎兒都需要鐵，一旦缺乏容易患孕期貧血或引起早產，所以，在孕期一定要注意攝取富含鐵的食物。各種動物肝臟的鐵含量較高，但一週吃一次即可。在吃這些食物的同時，最好與富含維生素C或果酸的食物一起吃，如檸檬、橘子、草莓、葡萄等，以增加鐵在腸道的吸收率。

梨、橘子、白蘿蔔可改善懷孕引起的咳嗽

　　有的準媽媽咳嗽並不是由感冒引起的，因為有些準媽媽原本體質就比較陰虛，只要懷孕就會咳嗽。有的準媽媽會一直咳嗽直到寶寶出生為止，這時的治療方法就不同於感冒所引起的咳嗽，必須著重於止咳、養陰潤肺。準媽媽也可以用以下的方法來試試治療咳嗽。

　　冰糖燉梨：梨去皮，剖開去核，加入適量冰糖，放入鍋中隔水蒸軟即可食用。

　　烘烤橘子：在橘子底部中心用筷子打一個洞，塞一些鹽，用鋁鉑紙包好之後放入烤箱中烤15～20分鐘，取出後將橘子皮剝掉趁熱吃。或把橘皮晒乾成陳皮，加水煎茶，大口喝下，效果也不錯。

　　白蘿蔔飴：將白蘿蔔切成1公分大小的丁，放入乾燥的容器中，加滿蜂蜜，蓋緊，浸泡3天左右白蘿蔔會滲出水分與蜂蜜混合，放入冰箱保存。每次舀出少許加溫開水飲用，止咳效果非常好。若臨時要喝，沒時間浸漬，可將白蘿蔔磨碎，加1/3量的蜂蜜拌勻，再加溫水飲用。

奶類可防止產後缺鈣

　　產後媽媽特別是哺乳的媽媽，每天大約需要攝取1,200毫克的鈣，才能使分泌的每升乳汁中含有300毫克以上的鈣。乳汁分泌量愈大，鈣的需要量就愈大。同時，哺乳的媽媽在產後體內雌激素濃度較低，泌乳素濃度較高。因此，在月經未複潮前骨骼更新鈣的能力較差，乳汁中的鈣常常會消耗過多身體中的鈣。這時，如果不補充足量的鈣就會引起媽媽腰痠背痛、腿腳抽筋、牙齒鬆動、骨質疏鬆等這樣的「月子病」；還會導致嬰兒發生佝僂病，影響牙齒萌出、體格生長和神經系統的發育。

　　根據日常飲食的習慣，產後的媽媽每天要喝奶至少250cc，以補充乳汁中所需的300毫克的優質鈣，媽媽們還可以適量飲用優酪乳，以提高食慾。另外，月子裡的媽媽每天還要多吃些豆類或豆製品，一般而言，吃100克左右的豆製品，就可攝取100毫克的鈣。同時，媽媽也可以根據自己的口味吃些乳酪、蝦米、芝麻或芝麻醬、青花菜及紫甘藍等，保證鈣的攝取量每日至少達到1,200毫克。由於食物中的鈣含量不好確定，所以最好在醫生的指導下補充鈣劑。

月子期飲食須知

準媽媽產後為了自身和寶寶的健康，還是要繼續保持良好的飲食習慣，該忌口還是要忌，也不宜過補。

分娩的辛苦使產婦們熱量消耗很大，身體變得異常虛弱，如果產後不能及時補充足夠的高品質的營養，就會影響產婦的身體健康。產婦生產後還要承擔給新生兒哺乳的重任，營養狀況會直接影響到寶寶的發育、成長，因此產婦必須重視產後的營養補充。

適量補充高營養、高熱量食物

分娩7天以後，產婦的傷口已經癒合，此時適量服點人參，有助於產婦的體力恢復，但也不可服用過多。人參屬熱物，會導致產婦上火或引起嬰兒食熱。其實，產婦食用多種且多樣的食物來補充營養是最好的進食辦法。

蛋白質的攝取量應根據人體對蛋白質的消化、吸收功能來計算。根據孕婦、產婦的營養標準，產婦每天僅需要蛋白質100克左右。

雄激素具有對抗雌激素的作用，公雞肉中含有少量雄激素，若產婦立即吃上一隻清蒸小公雞，將會使乳汁增多。但是，產婦產後7～10天以內不宜吃老母雞，當

然分娩10天以後，在乳汁比較充足的情況下，可以燉老母雞吃，這對增加產婦營養、增強體質是大有好處的。

紅糖營養豐富，釋放能量快，營養吸收利用率高，具有溫補性質。產婦在分娩時，由於失血較多，身體虛弱，需要大量快速補充鐵、鈣、錳、鋅等微量元素和蛋白質。紅糖還含有「益母草」成分，可以促進子宮收縮，排出產後子宮腔內瘀血，促使子宮早日復原。產婦分娩後，元氣大損，體質虛弱，吃些紅糖有益氣養血、健脾暖胃、驅散風寒、活血化瘀的功效。

不要盲目進補

　　有的產婦產後體虛急於服食大量人參，想補一補身子。其實，產婦急於用人參補身子是有害無益的。因為人參含有多種有效成分，這些成分能對人體產生廣泛的興奮作用，其中對人體中樞神經的興奮作用能導致服用者出現失眠、煩躁、心神不安等不良反應。而剛生完孩子的產婦，精力和體力的消耗很大，非常需要臥床休息，如果此時服用人參，反而因興奮難以安睡，影響體力的恢復。另外，人參是補元氣的藥物，能促進血液循環，加速血的流動。這對剛剛生完孩子的產婦十分不利。因為分娩過程中，內外生殖器的血管多有損傷，服食人參，有可能影響受損血管的自行癒合，造成血流不止，甚至大出血。因此，產婦在生完孩子的一個星期之內，不要服食人參.

　　分娩後數小時內，最好不要吃雞蛋。因為在分娩過程中，產婦體力消耗大，出汗多，體液不足，消化能力也隨之下降。若分娩後立即吃雞蛋，就難以消化，增加胃腸負擔，甚至易引起胃病；分娩後數小時內，應以半流質或流質飲食為宜。在整個坐月子期間，也忌多吃雞蛋，因為攝入過多蛋白質，會在腸道產生大量的氨、酚等化學物質，對人體的毒害很大，容易出現腹部脹悶、頭暈目眩、四肢乏力、昏迷等症狀，導致「蛋白質中毒綜合症」。

　　在生活中還會發現，不少產婦產後即使立即進補老母雞，再加上其他營養豐富的食品，仍出現奶水不足或泌乳很少，不能滿足嬰兒需求的現象。這是因為婦女分娩以後，血中雌激素與孕激素濃度大大降低，這時只有泌乳素才能發揮作用，促進乳汁的形成。母雞肉中含有一定量的雌激素，因此，產後立即吃老母雞，就會使產婦血中雌激素的含量增加，抑制泌乳素的效能，以致不能發揮作用，從而導致產婦乳汁不足，甚至回奶。

飲食須葷素搭配

　　婦女在產後，生理上會發生很大的變化，而飲食對身體恢復速度和程度有著舉足輕重的作用，可能會影響產婦一生的健康，不可輕視。這時就要注意葷素搭配，營養均衡，既要讓自己的身體攝取足夠的營養，又要避免營養過剩。此時應選擇「溫、熱、平」性的食物，禁食寒、生、冷食物。需要注意的是，產後的一週內忌食牛奶、豆漿、大量蔗糖等會引起脹氣的食品。

飲食不宜過分挑剔

　　年輕媽媽們都很注意保持身材的苗條，當寶寶還在腹中時，因怕寶寶營養不夠就拼命吃，等寶寶出生了就馬上吃素，甚至不吃主食，恨不得馬上恢復懷孕前的身材。其實，這兩種做法都不對，懷孕時為了控制體重和寶寶的大小，並不能隨便多吃，分娩後為了哺乳和自己的身體恢復，也不能少吃。而且，剛生完孩子的這段時間對飲食的要求比懷孕期間還要高，每懷孕一次，分娩後的體重就會比原先增加2.5公斤，這應該是正常的，不可能一下子瘦下來，吃素或不吃主食反而會使營

養失衡，不利於產後身體的恢復和乳汁的分泌，進而影響寶寶的生長發育。

不吃肉也不吃魚的素食產婦，會特別缺乏鐵質與維生素 B_{12}，因為這兩種營養素的來源多是動物性的，建議素食產婦多補充綜合維生素，以均衡營養。另外，即使產婦要吃素，也不應忌蛋奶類食物，畢竟豆製品、乳製品，都是很好的蛋白質來源。調味料中也有很多刺激性的物質，但是在避免的同時，也需要補充適當。如食醋中含醋酸3%～4%，若僅作為調味品食用，與牙齒接觸的時間很短，所以不至於在體內引起什麼不良作用，還可以促進食慾，因此醋作為調味品食用時，就不必禁食。

選擇口味清淡的食品，種類要多樣

產婦飲食宜清淡，尤其在產後5～7天之內，應以米粥、軟飯、蛋湯、蔬菜等為主，不要吃過於油膩之物，如雞、豬蹄等。產後5天若胃的消化功能正常，可進補魚、肉、雞、豬蹄、排骨等食物。每日4～6餐，但不可進食過飽或過於油膩。

新鮮的水果，也不包括在禁忌之內。水果是補充維生素和礦物質的重要途徑，特別是像維生素C這種水溶性維生素，當煮熟了以後基本就流失了，只能生吃才可

以補充。分娩後的幾天產婦身體比較虛弱，胃腸道功能未恢復，可以不吃寒性的水果，如西瓜、梨，但過了這幾天，水果還是一定要吃的。水果有促進食慾、幫助消化與排泄的作用，不必因太涼而忌食，而且一般在室內放置的水果不會涼到刺激產婦消化器官而影響健康的程度。

少吃生、冷、寒涼的食物

產婦脾胃功能尚未完全恢復，過於寒涼的食物會損傷脾胃，影響消化，且生冷之物易致瘀血滯留，可引起產婦腹痛、產後惡露不絕等。另外，產婦盡可能不要吃存放時間較長的剩飯菜，而且食用的食物和飲料，最好都是溫熱的。包括水果，建議用熱開水溫一下再吃。

適當增加催乳食物

有的媽媽非常重視母乳餵養，唯恐奶水不足，分娩後就迫不及待地開始喝湯，以為這樣可以促進乳汁分泌。喝湯應該沒錯，卻有點操之過急，因為分娩後3日內，乳汁分泌並沒有很多，乳腺管也沒有完全通暢，如果大量喝湯水，刺激了乳汁分泌，就會全部堵在乳腺管裡，容易引起乳腺炎，這時應該讓寶寶把乳腺管全部吮吸通暢，再配合不油膩的湯湯水水，如鯽魚湯、豬蹄湯等，乳汁就會源源不斷了。

不宜食用刺激性、易過敏食物

產婦於產後大量失血、出汗，同時進入血液循環中的組織間液也會較多，所以身體陰津明顯不足，而辛辣燥熱食物均會傷津耗液，使產婦上火，口舌生瘡，大便祕結或痔瘡發作，而且會透過乳汁使嬰兒內熱加重。因此，產婦忌食韭菜、蔥、大蒜、辣椒、胡椒、小茴香、酒等。

產婦如果整天嚼著巧克力，會影響食慾，使身體發胖，而必需的營養素卻缺乏，這當然會影響產婦的身體健康，所以產婦最好不要吃巧克力。研究還證實，如果食用過多巧克力，對嬰兒的發育會產生不良的影響。這是因為巧克力所含的可可鹼，會滲入母乳並在嬰兒體內蓄積，能損傷神經系統和心臟，並使肌肉鬆弛，排尿量增加，結果會使嬰兒消化不良、哭鬧不停、睡眠不穩。有時新生兒會有一些過敏的情況發生，媽媽不妨多觀察寶寶皮膚上是否出現紅疹，並評估自己的飲食。儘量不吃容易導致過敏的食物，如柳丁、洋蔥等會引起寶寶拉肚子、脹氣的食物。因此，哺乳媽媽要避免食用任何可能會造成寶寶過敏的食物。

生病可在醫生指導下用藥

產婦不要因為害怕透過母乳把藥物過渡給嬰兒而不敢用藥，這只會讓病愈來愈重，而把病帶給嬰兒。只是需要服藥的時候，必須要使用專家開的處方。

母親的健康直接影響著嬰兒的健康。雖然均衡飲食對母親和嬰兒都有益，但在服用藥物時，很多情況下是對母親有益，而對嬰兒有害。因為像養分一樣，藥物也可以透過乳汁融合進嬰兒的血液裡。但並不是所有的藥都有害，只是一定要按照醫生的處方來服藥。大部分用於治療母親的藥物對嬰兒都是安全的，但是這些安全的藥物也會對嬰兒造成輕微的影響。在這種情況下，就要考慮停止母乳餵養了。

長期服用某些藥物對哺乳媽媽來說也是不合適的，雖然大部分藥物在一般劑量下，都不會讓寶寶受到影響，但仍建議哺乳媽媽在有病需要服藥時，要主動告訴醫生自己正在哺乳的情況，以便醫生開出適合服用的藥物，並選擇持續時間較短的藥物，達到透過乳汁的藥量最少的目的。媽媽如果服藥，應在乳汁內藥物的濃度達到最低時再餵寶寶。可以作為基本治療的藥物主要有：治療靜脈血病的抗凝固劑、治療甲狀腺異常的抗甲狀腺劑、治療癲癇的巴比土酸鹽、皮質類固醇、胰島素等。不過，胰島素用來治療糖尿病時，還是會給嬰兒帶來輕微的低血糖症。

嚴禁菸、酒

有些媽媽在懷孕後就戒掉了菸酒，但是等孩子降生後就又開始吸菸喝酒，這是不對的。

被動吸菸者所吸收的有害物質是吸菸者的四倍，而且月子期的媽媽在餵奶期間仍吸菸的話，尼古丁會很快地出現在乳汁中被寶寶吸收。研究顯示，尼古丁對寶寶的呼吸道有不良影響，因此哺乳媽媽最好能戒菸，並避免吸入別人的二手菸。另外，有大量的事實證明，嬰兒長期攝取酒後母親的乳汁，會造成智能低下，還會在成長過程中出現嚴重的學習困難。所以，月子期媽媽一定要戒菸、戒酒。

因人而異的催奶飲食

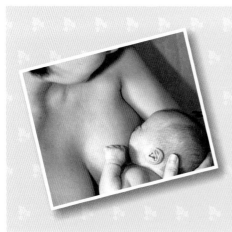

母乳餵養是指用母親的奶水餵養嬰兒的方式。母乳中特別是初乳，含有嬰兒所需要的豐富營養，是任何乳製品不可替代的優質乳，這會給寶寶更多的營養和抵抗力。但是媽媽在奶水不足的情況下，要注意健康的催乳方式。

現代醫學指出，母乳餵養的兒童比喝奶粉的兒童更加健康，而西方國家的婦女在近十年來開始重新回歸母乳餵養。母乳餵養方便快捷、乾淨安全、經濟實惠，最重要的是母乳中的養分不是一般的配方奶粉可以匹敵的，食用母乳的孩子往往更聰明健康。母乳的營養成分有蛋白質、胺基酸、乳糖、脂肪、無機鹽等，除此之外，母乳中還含有鋅、鐵、銅等諸多微量元素。更重要的是，媽媽親自餵養孩子，有助於加強母嬰感情，使嬰兒產生安全感，所以母乳是不可替代的。

想要乳汁分泌旺盛並且有優良的營養成分，媽媽的熱量和營養素的需要也相對增加，從中醫的角度出發，產後催奶應根據不同體質進行飲食和藥物調理。如鯽魚湯、豆漿和牛奶等平性食物屬於大眾皆宜，而豬腳催奶就不是每個人都適宜的。這裡推薦一些具有通乳功效的食材，如豬蹄、鯽魚、章魚、花生、黃花菜、魚肚、木瓜等；通絡的藥材則有通草、漏蘆、絲瓜絡、王不留行等。這裡我們針對不同體質的女性，對生產後的催奶飲食的注意點進行介紹。

氣血兩虛型：如平素體虛，或因產後大出血而奶水不足的產婦，可用豬腳、鯽魚煮湯，另可添加黨參、北芪、當歸、紅棗等補氣補血藥材。

痰溼中阻型：肥胖、脾胃失調的產婦可多喝鯽魚湯，少喝豬蹄湯和雞湯。另外，可吃點陳皮、蒼朮、白朮等具有健脾化溼功效的食材。

肝氣鬱滯型：平素性格內向或出現產後抑鬱症的媽媽們，建議多泡玫瑰花、茉莉花、佛手等花茶，以舒緩情緒。另外，用鯽魚、通草、絲瓜絡煮湯，或豬蹄、漏蘆煮湯，可達到疏肝理氣通絡的功效。

血瘀型：可喝生化湯，吃點豬腳薑（薑醋）、黃酒煮雞、客家釀酒雞等。還可用益母草煮雞蛋或煮紅棗水。

腎虛型：可進食麻油雞、魚肚燉雞湯、米湯沖芝麻。

溼熱型：可喝豆腐絲瓜湯等具有清熱功效的湯水。

哺乳期婦女膳食營養指南

哺乳期婦女一方面要逐步補償妊娠、分娩時所損耗的營養素，促進各器官、系統功能的恢復；另一方面還要分泌乳汁、哺育嬰兒。如果營養不足，將影響母體健康，減少乳汁分泌量，降低乳汁品質，影響嬰兒的生長發育。

多攝入含豐富優質蛋白質和含鐵豐富的食品

動物性食品如魚、禽、蛋、瘦肉等，可提供豐富的優質蛋白質，哺乳期婦女每天應攝取的魚、禽、蛋、瘦肉的總量為100～150克。如果增加動物性食品有困難，可多食用大豆類食品以補充優質蛋白質。為預防或矯正缺鐵性貧血，也應多攝入一些動物肝臟、動物血、瘦肉等含鐵豐富的食物。此外，哺乳期婦女還應該多吃些海產，這對嬰兒的生長發育有益。

適當增飲奶類，多喝湯水

奶類含鈣量高，易於吸收利用。哺乳期婦女若能每日飲喝奶品500cc，則可從中得到約600毫克優質鈣。對那些沒有條件飲奶的哺乳期婦女，建議適當多攝入可連骨食用的小魚、小蝦、大豆及其製品，以及芝麻醬和深綠色蔬菜等含鈣豐富的食物。必要時，可在保健醫生的指導下適當補充鈣製劑。

此外，魚類、禽類、畜類等動物性的食品宜採用煮或煨的烹調方法，哺乳期婦女多飲此類湯水，以便增加乳汁的分泌量。

產褥期食物應多樣化，充足而不過量

產褥期同樣應採取多樣化的平衡膳食，以滿足營養需要為原則，但無須特別禁忌。我國大部分地區都有將大量食物集中在產褥期攝入的習慣，有些地區的婦女在產褥期膳食單調，大量進食雞蛋等動物性食品，其他食品如蔬菜水果則很少選用。

要注意糾正食物選擇和分配不均衡的問題，保證產褥期食物多樣化，充足而不過量，以利於哺乳期婦女的身體健康，保證乳汁的質與量和持續進行母乳餵養。

哺乳期不宜食用的食物

準媽媽產後為了自身和寶寶的健康，還是要繼續保持良好的飲食習慣，該忌口還是要忌，也不宜過補。

抑制乳汁分泌的食物

　　韭菜、大麥及其製品（如大麥芽、麥乳精、麥芽糖等食物）、人參等有回奶的作用，最好不要吃或者少吃，否則會抑制乳汁分泌，所以產後仍在哺乳期的產婦應注意。

刺激性食物

　　產後飲食宜清淡，不要吃那些刺激性的物品，如辛辣的調味料、辣椒、酒、咖啡等。

　　酒：一般而言，少量的酒可促進乳汁分泌，對嬰兒也沒有影響；過量時，則會抑制乳汁分泌，也會影響子宮收縮，所以應酌量少飲或不飲。

　　咖啡：會使人體的中樞神經興奮。每100克咖啡豆中含有1.3克咖啡因，正常人1天飲用咖啡最好不要超過3杯。雖無證據表明它對嬰兒有害，但對哺乳期的媽媽來說，應有所節制地飲用或停飲咖啡。

　　太過刺激的佐餐料：如辣椒、咖哩等，哺乳期媽媽應加以節制，以防一些物質透過乳汁進入嬰兒體內，使嬰兒體內氣熱，對嬰兒不利。

油膩、高脂肪食物

　　產婦於產後胃腸肌張力及蠕動均較弱，所以過於油膩的食物如肥肉、花生等應儘量少食，以免引起消化不良。同樣道理，油炸食物也較難以消化，也不應多吃。而且，油炸食物的營養在油炸過程中已經損失很多，比麵食及其他食物營養成分要差，多吃並不能增加營養，倒是增加

了腸胃負擔。這類食物不易消化，而且能夠被人體吸收的營養很少，而且熱量偏高，對分泌乳汁也沒有好處，所以應酌量攝取。

調味料

產婦切不可因紅糖有很多的益處，就一味多吃，認為愈多愈好。因為過多飲用紅糖水，不僅會損壞牙齒，而且紅糖性溫，如果產婦在夏季過多喝了紅糖水，必定使出汗加速，使身體更加虛弱，甚至中暑。此外，喝紅糖水時應煮開後飲用，不要用開水一沖即用，因為紅糖在貯藏、運輸等過程中，容易產生細菌，有可能引發疾病。

而酸性的鹹味食物容易使水分積聚，而影響身體的水分排除；此外，鹹味食物中的鈉離子更易使血液黏稠度增加，而讓新陳代謝受到影響，造成血液循環減緩。而且過鹹的食品有回奶作用，產婦坐月子期間最好避免高鹽食物。有的產婦為了迅速瘦身，喝醋減肥，其實這樣做不太好。因為產婦身體各部位都比較虛弱，需要有一個恢復過程，在此期間極易受到損傷，酸性食物會損傷牙齒，使產婦日後留下牙齒容易酸痛的遺患。

為了避免嬰兒出現缺鋅症，產婦還應忌食過量味素。一般而言，成人進食味素是有益無害的，而嬰兒，特別是12週內的嬰兒，如果哺乳期間的媽媽在攝入高蛋白飲食的同時，又食用過量味素，對其則不利。因為味素內的谷胺酸鈉會透過乳汁進入嬰兒體內，它能與嬰兒血液中的鋅發生特異性的結合，生成不能被身體吸收的谷胺酸，而鋅卻隨尿排出，從而導致嬰兒鋅的缺乏，這樣不僅嬰兒易出現味覺差、

厭食，而且還可能造成其智力減退、生長發育遲緩等不良後果。

寒涼、易過敏、氣味特殊的食物

哺乳媽媽應避免吃太寒涼的食物，否則寶寶容易出現拉肚子的情況。哺乳媽媽最好也不要吃容易引起過敏的食物，如海鮮等，否則容易引起過敏或是細菌感染，會直接影響到接受母乳餵養的寶寶健康。如果哺乳期的媽媽吃進大蒜，母乳中也會產生大蒜味，所以帶有特殊氣味的食物也要少吃，以免影響乳汁的味道。

加工食品

火腿一直被認為有促進傷口癒合的作用，所以也經常出現在產婦的食譜中。但是，傷口的癒合和優質蛋白有關，只要是含蛋白質豐富的食物都能促進傷口癒合，而火腿是醃製品，其中含有的大量的食鹽反而不利於傷口癒合，還會通過母乳加重寶寶的腎臟負擔，另外，其所含大量的亞硝酸鹽，不僅影響產婦的健康，還會隨著媽媽的乳汁對寶寶造成危害。

所以，哺乳媽媽不可過食含有食品添加劑或是加工過的食品。另外，建議哺乳媽媽要注意所食用的東西是否經過加工，像罐頭、鹹蛋、燻製食物等，都要避免。哺乳期間最好選擇天然的食物，保障寶寶的健康。

PART 2

懷孕早期的營養餐
開胃消食吃得巧

懷孕早期是指孕婦懷孕前三個月的階段。這個時期，胎兒發育速度非常之快，孕婦此時的營養需要會比非孕期時多，且必須特殊對待。由於妊娠反應引起的不適，孕婦很多時候會出現頭暈乏力、食慾不振、厭食噁心等情況，本章精心推薦的食材正是為了讓懷孕早期的媽媽知道這個時期需要吃什麼、而且應該如何吃？

點選「直接觀看，掃碼視頻」影片即可。

檸檬冬瓜

美容
養顏

材料 冬瓜600克、彩椒50克、檸檬1個。

調料 白糖30克、白醋5cc，鹽、太白粉、食用油各適量。

▶ 營養分析

檸檬富含糖類、鈣、磷、鐵、維生素、檸檬酸、蘋果酸等，常食可開胃健脾，消除膚色暗沉，非常適合懷孕早期的孕婦食用。

作法

01. 將彩椒、冬瓜切條；檸檬切片後，裝碗，加白醋、白糖、鹽，倒入適量清水，製成檸檬汁。

02. 鍋中注水燒開，倒入彩椒條汆燙30秒；冬瓜條煮熟撈出備用。起油鍋，倒入檸檬汁煮沸，倒入適量太白粉水、食用油調勻，盛出裝碗。

03. 將冬瓜和彩椒裝碗，倒入檸檬稠汁。

04. 將拌好的食材裝盤，淋上剩餘湯汁即可。

薑汁時蔬

材料 菠菜150克、紅椒15克、薑末15克。

調料 鹽3克、雞粉少許，醬油3cc，香油、食用油各適量。

▶ **菠菜相宜**
豬肝（防治貧血）、胡蘿蔔（保持心血管暢通）。

▶ **菠菜相剋**
牛肉（降低營養價值）

作法

01. 洗淨的菠菜切長段；紅椒切絲；薑末放小碟子中，加少許鹽、開水，燙約半分鐘，製成薑汁。

02. 鍋中注水燒開，加少許食用油，放入菠菜，汆燙至熟撈出，放入碗中。

03. 倒入紅椒絲，加入鹽、雞粉、醬油，淋入少許香油，拌至入味。

04. 將拌好的菠菜盛入盤中，淋上薑汁即可。

益氣補血

點選「直接觀看,掃碼視頻」影片即可。

素炒冬瓜

清熱解毒

材料 冬瓜500克,蒜末、薑片、蔥段各少許。

調料 鹽3克、雞精2克,太白粉、食用油各適量。

作法 01. 冬瓜去皮洗淨,切成片,裝入盤中備用。

02. 炒鍋注入適量食用油,燒熱,倒入薑片、蒜末爆香,倒入冬瓜,炒勻。

03. 加入少許清水炒約1分鐘至熟軟。

04. 加入鹽、雞精炒勻調味。

05. 加入太白粉水,快速拌炒均勻。

06. 撒入蔥段,快速拌炒均勻。

07. 熄火,將炒好的冬瓜盛入盤中即可。

點選「直接觀看,掃碼視頻」影片即可。

醋溜大白菜

美容養顏

材料 大白菜500克、蒜末10克。

調料 鹽3克、味素2克、白糖3克,陳醋、太白粉、食用油各適量。

作法 01. 將洗淨的大白菜切成條,裝入盤中,備用。

02. 熱鍋注油,倒入蒜末,爆香。

03. 倒入大白菜,翻炒約1分鐘至大白菜變熟軟。

04. 加入味素、鹽、白糖。

05. 倒入陳醋。

06. 快速翻炒均勻至入味。

07. 倒入太白粉水略微勾芡。

08. 快速拌炒均勻。

09. 將菜盛出裝盤即可

點選「直接觀看，掃碼視頻」影片即可。

小炒五色蔬

開胃
消食

材料 胡蘿蔔55克、彩椒90克、鮮香菇40克、鮮百合30克、蘆筍80克，薑片、蒜末、蔥段各少許。

調料 鹽5克、雞粉2克，米酒、太白粉、食用油各適量。

作法 01. 將洗淨的蘆筍切段；彩椒、胡蘿蔔、香菇切成小塊。

02. 鍋中注水燒開，加少許食用油、鹽，倒入胡蘿蔔、香菇，汆燙至斷生。

03. 加入彩椒、蘆筍，汆燙至七分熟，撈出。

04. 起油鍋，下入薑片、蒜末、蔥段爆香，倒入汆燙過的材料，放入百合，炒勻。

05. 加入適量料酒、鹽、雞粉，倒入適量太白粉水，快速炒勻。

06. 將炒好的食材盛出裝盤即可。

▶ 營養分析

胡蘿蔔含有較多的胡蘿蔔素、糖、鈣、植物纖維等營養物質，對孕婦具有多方面的保健功能，常食有助於健脾、化滯，可防治消化不良、咳嗽，還可降血糖。另外，它還具有促進身體細胞正常生長與繁殖的作用。

▶ 胡蘿蔔相宜

香菜（開胃消食）、綠豆芽（排毒瘦身）、菠菜（預防中風）。

▶ 胡蘿蔔相剋

白蘿蔔（降低營養價值）、酒（損害肝臟）、橘子（降低營養價值）。

點選「直接觀看，掃碼視頻」影片即可。

素炒絲瓜

美容養顏

懷孕早期的營養餐，開胃消食吃得巧

材料 絲瓜200克、紅椒15克，薑片、蔥段各少許。

調料 鹽、雞粉各少許，太白粉、食用油各適量。

▶ **營養分析**

絲瓜中含有防止皮膚老化的維生素B_1和增白皮膚的維生素C等成分，常食能保養孕婦皮膚、淡化色斑，是極好的美容佳品。

作法

01. 將洗淨的絲瓜去皮，切成小塊；將洗淨的紅椒除籽，切成小塊。
02. 起油鍋，倒入薑片，大火爆香。
03. 放入切好的食材，翻炒均勻。
04. 注入少許清水，將食材翻炒至熟透，加雞粉、鹽，炒勻調味。
05. 倒入太白粉水，撒上蔥段，炒出蔥香。
06. 起鍋盛入盤中即可。

薑汁芥藍

清熱
解毒

材料 芥藍150克、胡蘿蔔片適量、薑末少許。

調料 鹽、雞粉、白糖、米酒、太白粉、食用油各適量。

▶ 芥藍相宜
番茄（防癌）、紅菜苔（防癌抗癌）、山藥（消暑）。

作法

01. 將洗淨的芥藍切開菜梗。

02. 鍋中注水，加鹽、食用油，煮沸，放入芥藍梗汆燙至斷生，撈出。

03. 起油鍋，倒入薑末和胡蘿蔔片爆香，倒入芥藍，拌炒至熟。

04. 加鹽、雞粉、白糖、米酒炒勻，加少許太白粉水勾芡，加少許熟油拌勻即可。

點選「直接觀看」掃碼視頻」影片即可。

青蒜蛋皮炒豆乾

開胃消食

材料 青蒜100克、豆乾120克、雞蛋1個。

調料 鹽、雞粉各2克,米酒、醬油各4cc,食用油適量。

作法
01. 將雞蛋打入碗中,製成蛋液。

02. 熱鍋注油,倒入蛋液,用小火煎至成型,製成蛋皮。

03. 洗淨的青蒜用斜刀切成小段;洗好的豆乾切成條;將蛋皮切成粗絲。

04. 熱鍋注油,放入切好的豆乾,滑油片刻,撈出瀝乾油分,裝盤待用。

05. 起油鍋,倒入青蒜,翻炒,倒入滑過油的豆乾。

06. 淋入適量料酒,快速拌炒,加鹽、雞粉,炒勻調味。

07. 淋入少許醬油,翻炒片刻至食材入味。

08. 下入切好的蛋皮,翻炒均勻。

09. 關火,盛出裝盤即可。

點選「直接觀看」掃碼視頻」影片即可。

雪菜蓮子

清熱解毒

材料 雪菜末250克、紅椒25克、水發蓮子200克,蔥白、薑片、蒜末各少許。

調料 雞粉2克、香油4cc、鹽3克、食用油少許。

作法
01. 將洗淨的彩椒切成粒。

02. 鍋中加入適量清水燒開,加入適量鹽,放入蓮子,中火煮10分鐘。

03. 倒入雪菜攪散拌勻,煮約半分鐘。

04. 將煮好的雪菜和蓮子撈出,裝入盤中備用。

05. 起油鍋,倒入薑片、蒜末、蔥白、紅椒,炒出香味。

06. 倒入雪菜和蓮子,加少許鹽和雞粉,炒勻調味。

07. 淋入適量香油,將鍋中食材拌炒均勻。

08. 關火,盛出裝盤即可。

點選「直接觀看」掃碼視頻」影片即可。

香菇炒青花菜

增強
免疫力

材料 水發香菇50克、青花菜250克，薑片、蒜末、蔥白各少許。

調料 鹽3克、雞粉少許、米酒4cc，太白粉、食用油各適量。

作法

01. 將泡發洗好的香菇切成小塊；洗淨的青花菜切成小朵。

02. 鍋中注水燒開，放入適量鹽、食用油，倒入青花菜，汆燙至七成熟。

03. 撈出青花菜，瀝乾水分後裝入盤中。

04. 鍋中注油燒熱，下入少許薑片、蒜末、蔥白，炒香，倒入香菇，炒勻。

05. 放入青花菜，淋入適量米酒，加入鹽、雞粉，炒勻調味。

06. 淋入少許清水，翻炒，倒入適量太白粉水略微勾芡。

07. 快速拌炒至食材入味。

08. 關火，盛出裝盤即成。

▶ **營養分析**

青花菜是營養豐富的保健蔬菜，其所含的維生素C含量極高，能增強孕婦免疫力，保護胎兒少受病菌感染，同時還能促進鐵質的吸收。孕婦常吃青花菜還可穩定血壓、緩解焦慮。

▶ **青花菜相宜**

胡蘿蔔（預防消化系統疾病）、番茄（防癌抗癌）、枸杞（對營養物質的吸收有利）、牛肉（補鐵補血）。

▶ **青花菜相剋**

牛奶（影響鈣的吸收）

薑汁西芹

降壓
降糖

材料 西芹200克、生薑20克。

調料 鹽3克，雞粉、香油、食用油各適量。

▶ **營養分析**

西芹性涼，味甘，含有芳香油及多種維生素，具有促進食慾、降低血壓、健腦、清腸利便、解毒消腫、促進血液循環等功效。

作法 01.將洗淨的西芹切成段；洗淨的生薑剁成末。

02.鍋中注水燒開，加入少許鹽、食用油，倒入西芹，汆燙至熟，撈出備用，把薑末裝入碟中，加少許鹽、雞粉，加適量開水，拌勻成薑汁。

03.將西芹倒入碗中，瀝入薑汁，加適量香油，將拌好的西芹裝入盤中。

04.撒上少許薑末即成。

檸汁藕片

清熱
解暑

點選「直接觀看」掃碼視頻」影片即可。

材料 蓮藕500克、檸檬40克、檸檬汁50cc、枸杞少許。

調料 鹽2克、白糖15克，白醋、太白粉、食用油各適量。

作法
01. 將洗淨的檸檬切成薄片，放入裝有檸檬汁的碗中，加白醋、白糖。
02. 去皮洗淨的蓮藕切成片，裝碗備用。
03. 鍋中注水燒開，加少許白醋、鹽，放入藕片，煮約2分鐘至熟。
04. 將煮好的藕片撈出，放入清水中浸泡。
05. 起油鍋，倒入少許清水，再倒入調好的檸檬汁和檸檬片，拌勻煮沸。
06. 加少許太白粉水勾芡，調成稠汁。
07. 放入煮熟的藕片，拌炒均勻。
08. 將炒好的藕片夾出裝盤，撒上少許洗淨的枸杞即成。

▶ 營養分析

蓮藕的含糖量不高，又含有大量的維生素C和膳食纖維，對於肝病、便祕、糖尿病等症的人十分有益。蓮藕還含有豐富的丹寧酸，具有輔助收縮血管和止血的作用，對於瘀血、吐血、尿血、便血的人以及孕婦、白血病人極為適合。

▶ 蓮藕相宜

豬肉（滋陰血、健脾胃）、生薑（止嘔）、大米（健脾、開胃）。

▶ 蓮藕相剋

菊花（易導致腹瀉）、人參（屬性相反、不能起到補益的作用）。

點選「直接觀看，掃碼視頻」影片即可。

茭白絲炒青豆

清熱
解毒

材料 茭白筍150克、蝦皮20克、青豆100克、枸杞15克，薑片、蒜末、蔥段各少許。

調料 鹽3克、雞粉2克、米酒5cc，太白粉、食用油各適量。

▶ **營養分析**

青豆含有蛋白質、纖維素、維生素等成分，對孕婦有健脾、利水消腫的功效。

作法 01. 將去皮洗淨的茭白筍切絲。

02. 鍋中注水燒沸，放入少許食用油、鹽，放入茭白絲、洗淨的青豆，汆燙至斷生，撈出。

03. 起油鍋，放入蝦皮爆香，再倒入蔥段、薑片、蒜末，淋上料酒，拌炒香。

04. 倒入茭白筍絲、青豆，翻炒片刻，加入洗淨的枸杞，再加入少許鹽、雞粉，炒勻至入味。

05. 倒入少許太白粉水，炒至食材熟軟即可。

點選「直接觀看」掃碼視頻」影片即可。

絲瓜炒金針菇

增強
免疫力

材料 絲瓜120克、金針菇120克、
紅椒20克，薑片、蒜末、蔥
白各少許。

調料 鹽2克、雞粉2克，太白粉、
米酒、食用油各適量。

▶ **金針菇相宜**
豆腐（降脂降壓）、豆芽（清熱
解毒）、雞肉（健腦益智）。

作法

01. 將去皮洗淨的絲
瓜切成小塊；洗淨
的紅椒切成小塊；
洗淨的金針菇切去
老莖。

02. 起油鍋，下入薑
片、蒜末、蔥白，
倒入絲瓜、紅椒，
放入金針菇，拌炒
均勻。

03. 淋入少許料酒，
炒至熟軟，加適量
鹽、雞粉調味。

04. 倒入適量太白粉
水，快速拌炒均勻
即可。

點選「直接觀看」掃碼視頻」影片即可。

蝦仁翡翠豆腐

降低
血脂

材料 豆腐200克、青椒15克、甜椒30克、蝦仁50克，薑片、蒜末、蔥花各少許。

調料 鹽4克、雞粉3克、胡椒粉少許、醬油2cc、蠔油2cc、米酒4cc，太白粉、食用油各適量。

▶ **營養分析**
蝦仁含有豐富的礦物質、維生素A等，對孕婦有極好的調養作用。

作法 01. 甜椒、青椒切粒；洗淨的蝦仁挑去腸泥；洗好的豆腐切成小方塊。

02. 蝦仁加鹽、雞粉、太白粉，醃漬10分鐘至入味。

03. 鍋中注水燒開，加鹽，倒入豆腐塊，汆燙2分鐘，撈出瀝乾。

04. 起油鍋，下入薑片、蒜末爆香，倒入蝦仁、青椒、甜椒，炒至蝦仁變色。

05. 加料酒、清水、鹽、雞粉、醬油、蠔油、胡椒粉炒勻，倒入豆腐大火收汁，加適量太白粉水勾芡，撒上備好的蔥花即成。

芥菜豆腐羹

開胃
消食

材料 芥菜100克、竹筍30克、豆腐100克、薑末少許。

調料 鹽6克、雞粉2克、米酒4cc、香油2cc，太白粉、食用油各適量。

作法

01. 將洗淨的竹筍、芥菜、豆腐切成粒。
02. 鍋中注水燒開，撒上少許鹽，放入竹筍，倒入豆腐，大火煮約1分鐘，撈出汆燙好的食材，瀝乾水分，放在盤中，備用。
03. 起油鍋，倒入少許薑末，爆香，倒入芥菜，淋入少許料酒，炒勻，注入適量清水。
04. 用大火加熱，煮沸，放入適量鹽、雞粉。
05. 倒入竹筍和豆腐，續煮至沸，倒入少許太白粉水，淋入少許香油，拌勻。
06. 關火後，盛出煮好的湯羹即成。

▶ **營養分析**

芥菜含有豐富的維生素A、維生素B群和維生素D等，有開胃消食的功效。芥菜還含有大量的抗壞血酸，這是一種活性很強的還原物質，可幫助增加大腦中的氧含量，激發大腦對氧的利用，有緩解孕婦疲勞的作用。

▶ **竹筍相宜**

雞肉（暖胃益氣、補精填髓）、萵筍（輔助治療肺熱痰火）、鯽魚（輔助治療小兒麻痺）。

▶ **竹筍相剋**

紅糖（對身體不利）、羊肉（易導致腹痛）、羊肝（對身體不利）。

0
4
2

點選「直接觀看」掃碼視頻」影片即可。

香蕉煎餅

增強
免疫力

材料 香蕉1根、麵粉200克。

調料 白糖100克、酵母4克、泡打粉3克、豬油7克。

▶ 營養分析

香蕉的營養價值很高，含有豐富的蛋白質、維生素和多種微量元素。其中，維生素A能促進生長，增強孕婦對疾病的抵抗力。香蕉還能幫助促進食慾，保護神經系統。

作法 **01.** 將香蕉製成香蕉泥；麵粉倒在桌板上，加入酵母、泡打粉，倒入溫水，加入白糖、香蕉泥，加適量豬油，揉勻製成麵團，蓋上乾淨的毛巾，靜置發酵。

02. 撤去毛巾，將麵團分成數個小塊，壓成餅坯，平底鍋燒熱，下餅坯，煎出香味。

03. 煎至兩面熟透，成香蕉煎餅。

04. 關火後夾出香蕉煎餅，裝入盤中即成。

點選「直接觀看」影片，掃碼視頻即可。

蔥花雞蛋餅

清熱解毒

材料 雞蛋2個、蔥花少許。

調料 鹽3克，太白粉、雞粉、香油、胡椒粉、食用油各適量。

作法 01. 雞蛋打入碗中，加雞粉、鹽；再加入少許太白粉，放入蔥花、香油和胡椒粉。

02. 用筷子攪拌均勻。

03. 鍋中注油燒熱，倒入三分之一的蛋液，炒片刻至七成熟。

04. 將炒好的雞蛋盛出。

05. 放入剩餘的蛋液中，用筷子拌勻。

06. 鍋中再倒入適量食用油，倒入混合好的蛋液。

07. 用小火煎制，中途晃動炒鍋，以免煎糊。

08. 煎至有焦香味時翻面，繼續煎至兩面金黃色。

09. 盛出裝盤即可。

點選「直接觀看」影片，掃碼視頻即可。

酸豇豆煎蛋

開胃消食

材料 酸豇豆50克、雞蛋2個、蔥花少許。

調料 鹽3克、雞粉2克，太白粉、胡椒粉、香油、食用油各適量。

作法 01. 將洗好的酸豇豆切成丁；雞蛋打入碗中，用筷子打散調勻。

02. 鍋中注水燒開，倒入酸豇豆，汆燙約1分鐘，撈出，放入蛋液中，加少許鹽、雞粉、太白粉，放入蔥花。

03. 撒入適量胡椒粉，淋入少許香油，拌勻。

04. 起油鍋，倒入適量蛋液，炒至凝固，盛出。

05. 將雞蛋倒入剩餘的蛋液中，攪勻。

06. 鍋中注入適量食用油，倒入混合好的蛋液。

07. 慢火煎製，中途晃動炒鍋，以免煎糊。

08. 待雞蛋煎至焦香後翻面，繼續煎1分鐘至金黃色。

09. 將煎好的蛋餅盛入盤中即成。

點選「直接觀看，掃碼視頻」影片即可。

薑汁芙蓉蛋

增強
免疫力

材料 薑末150克、雞蛋2個。

調料 冰糖適量、白糖少許。

▶ 營養分析

雞蛋含有的蛋白質對肝臟組織損傷有輔助修復作用，雞蛋中的卵磷脂可促進肝細胞的再生，提高人體血漿蛋白量，增強孕婦機體的代謝功能和免疫功能。

作法

01. 將雞蛋打入碗中，加入少許白糖，打散調勻，取一乾淨碗，倒入蛋液。
02. 將攪拌好的蛋液放入燒開的蒸鍋中，小火蒸10分鐘至熟，取出備用。
03. 薑末裝入碗中，加適量水，用紗布濾去薑渣，取薑汁備用。
04. 鍋中倒入少許清水，加入冰糖。
05. 將薑汁倒入鍋中，煮至冰糖溶化，製成薑汁糖水。
06. 將煮好的薑汁糖水淋在蛋羹上即可。

點選「直接觀看」,掃碼視頻」影片即可。

白玉菇炒萵筍

開胃
消食

材料 白玉菇150克、萵筍100克,薑片、蒜末、蔥白各少許。

調料 辣椒醬7克,醬油2cc,鹽、雞粉、米酒、太白粉、食用油各適量。

作法
01. 將洗淨的白玉菇去根切成段;去皮洗淨的萵筍切成片。
02. 鍋中注水燒開,加入適量鹽、雞粉。
03. 倒入白玉菇和萵筍,汆燙約1分鐘至熟。
04. 將汆燙好水的白玉菇和萵筍撈出。
05. 鍋中注油燒熱,倒入薑片、蒜末、蔥白,爆香,倒入白玉菇、萵筍炒勻。
06. 淋入適量米酒,加入少許鹽,倒入醬油、雞粉、辣椒醬。
07. 將鍋中食材炒勻調味,倒入適量太白粉水。
08. 將鍋中材料炒至收汁,盛出裝盤即可。

▶ 營養分析

萵筍含鉀量較高,能促進排尿,降低心房的壓力,對高血壓病患者極為有益。萵筍還含有少量的碘元素,經常食用有助於孕婦消除緊張、幫助睡眠。此外,萵筍還能刺激消化液的分泌,增進食慾。

▶ 胡蘿蔔相宜

豬肉(補虛強身、豐肌澤膚)、麵包(預防貧血、促進發育)、蒜苗(防治高血壓、糖尿病)、青蒜(對糖尿病患者非常有益)、香菇(利尿通便、降脂降壓)。

▶ 胡蘿蔔相剋

蜂蜜(造成脾胃呆滯、對身體不利)

酸菜炒肉絲

開胃
消食

材料 酸菜200克、豬瘦肉120克，薑片、蒜末、蔥白各少許。

調料 鹽2克、雞粉3克、米酒3cc、醬油4cc、香油2cc，太白粉、食用油各適量。

▶ 營養分析

豬瘦肉營養豐富，具有輔助開胃消食、補虛強身、滋陰潤燥、豐肌澤膚的功效。

作法 *01.* 將洗淨的酸菜切成丁；洗好的瘦肉切成絲，裝在碗中，加鹽、雞粉，淋入太白粉水，注入食用油，醃漬約10分鐘至入味。

02. 鍋中注水燒開，下入酸菜丁汆燙，撈出瀝乾裝盤。起油鍋，下入薑片、蒜末、蔥白，爆香，倒入瘦肉絲，淋入少許米酒、醬油，下入汆燙過的酸菜丁，炒熟。

03. 調入雞粉，淋入少許香油，炒勻即可。

點選「直接觀看」掃碼視頻」影片即可。

嫩薑炒肉絲

材料 嫩薑100克、豬瘦肉180克、蔥段少許。

調料 鹽5克、雞粉3克、醬油3cc、太白粉、食用油各適量。

▶ 豬肉相宜
芋頭（可滋陰潤燥、養胃益氣）、番薯（降低膽固醇）。

▶ 豬肉相剋
田螺（容易傷腸胃）、茶（易引發噁心、嘔吐、腹痛等症狀）。

作法

01. 嫩薑切絲；瘦肉切絲；嫩薑絲加鹽拌勻；肉絲裝碗，加鹽、雞粉、太白粉、食用油，醃漬10分鐘。

02. 鍋中注水燒開，放入嫩薑絲，汆燙約半分鐘，瀝乾裝盤。

03. 起油鍋，放入肉絲、嫩薑絲，炒勻，加入鹽、雞粉，淋入少許醬油，炒至入味。

04. 撒上蔥段，倒入少許太白粉水略微勾芡，炒出蔥香味即成。

益氣補血

香菇核桃肉片

提神健腦

材料 鮮香菇60克、瘦肉75克、核桃仁30克，胡蘿蔔片、薑片、蒜末、蔥段各少許。

調料 鹽5克、雞粉3克，米酒、醬油、太白粉、食用油各適量。

作法

01.將香菇洗淨切成小塊；瘦肉切成片，裝入碗中，加鹽、雞粉、太白粉，注入適量食用油，醃漬10分鐘至入味。

02.鍋中注水燒開，加少許食用油，放鹽，下入香菇，汆燙至八分熟，撈出，備用。

03.熱鍋注油燒熱，放入核桃仁，滑油半分鐘，撈出。

04.鍋底留油，下入蒜末、薑片、胡蘿蔔片，炒香，倒入香菇，倒入醃漬好的肉片，淋入適量米酒、醬油。

05.加適量鹽、雞粉，撒上蔥段，拌炒均勻。

06.放入核桃仁，炒勻盛出即可。

肉片炒酸蘿蔔

益氣補血

材料 酸蘿蔔片200克、豬瘦肉100克，薑片、蒜末、蔥段各少許。

調料 鹽3克、白糖5克，番茄汁、雞粉、米酒、太白粉、食用油各適量。

作法

01.將瘦肉切成片，裝入碗中，加入少許鹽、雞粉、太白粉抓勻，注入適量食用油，醃漬10分鐘至入味。

02.起油鍋，放入薑片、蒜末、蔥段，爆香。

03.倒入肉片，翻炒勻，淋入少許米酒，拌炒香。

04.放入準備好的酸蘿蔔片，翻炒均勻。

05.加入適量番茄汁、白糖、鹽。

06.快速炒勻調味。

07.將炒好的食材盛出，裝盤即可。

點選「直接觀看」掃碼視頻」影片即可。

番茄炒肉片

美容養顏

材料 番茄90克、豬瘦肉100克，蒜末、蔥花各少許。

調料 鹽3克、雞粉少許、白糖2克、番茄醬5克，太白粉、食用油各適量。

作法
01. 將洗好的瘦肉切成片；番茄切成片，將切好的瘦肉裝入碗中，放入少許鹽、雞粉、太白粉，倒入少許食用油，拌勻，醃漬10分鐘至入味。
02. 鍋中注油燒熱，下入少許蒜末，爆香，倒入番茄，倒入醃漬好的肉片，快速翻炒至肉片轉色。
03. 倒入少許清水，翻炒片刻。
04. 放入適量鹽、白糖、番茄醬，炒至入味。
05. 將番茄肉片盛出，撒入少許蔥花即可。

▶ 營養分析
番茄酸甜可口，富含胡蘿蔔素、茄紅素、維生素C以及蛋白質等營養物質，具有美容養顏的功效。孕婦常食可以減輕妊娠斑，皮膚乾燥、無光澤的孕婦也可多食用番茄。

▶ 番茄相宜
柚子（降低血糖）、蘋果（預防貧血）、芹菜（健胃消食、降低血壓）、圓白菜（益氣生津）。

▶ 番茄相剋
豬肝（降低營養價值）

點選「直接觀看」掃碼視頻，影片即可。

糖醋裡脊

美容養顏

材料 裡脊肉100克、青椒20克、紅椒10克、雞蛋2個，番茄汁、蒜末、蔥段各少許。

調料 鹽3克、味素3克、白糖3克、玉米粉6克、白醋3cc，酸梅醬、料酒、太白粉、食用油各適量。

▶ **營養分析**

孕婦食用裡脊肉可以幫助補腎養血。

作法 01. 洗淨的青椒、紅椒切小塊；裡脊肉切成丁，加鹽、味素、料酒，加入蛋黃，加適量玉米粉拌勻，取出分成塊，裝盤加入玉米粉；番茄汁加白醋、白糖、鹽，倒入酸梅醬拌勻。

02. 熱鍋注油燒熟，倒入肉丁，炸好撈出。

03. 起油鍋，倒入蒜末、蔥段、青椒、紅椒炒香，倒入番茄汁，加太白粉水勾芡成稠汁。

04. 倒入炸好的肉丁，加少許熟油炒勻即可。

點選「直接觀看，掃碼視頻」影片即可。

白玉菇炒牛肉

益氣補血

材料 白玉菇100克、牛肉150克、紅椒15克，薑片、蒜末、蔥花各少許。

調料 雞粉3克、嫩肉粉1克，鹽、醬油、料酒、太白粉、食用油各適量。

作法

01. 洗淨的白玉菇切段；紅椒切絲。

02. 洗淨的牛肉切片，盛入碗中，加鹽、醬油、雞粉、嫩肉粉、太白粉抓勻，再加少許食用油，醃漬10分鐘至入味。

03. 鍋中注水燒開，加食用油、鹽，倒入白玉菇，汆燙約2分鐘，加入紅椒，再汆燙片刻，撈出。

04. 炒鍋置火上，注入少許食用油燒熱，倒入薑片、蒜末、蔥花爆香。

05. 倒入牛肉，翻炒至轉色，淋入少許米酒，炒勻，倒入白玉菇、紅椒，翻炒勻。

06. 加鹽、雞粉，淋入醬油，倒入少許太白粉水炒至入味即可。

▶ 營養分析

牛肉含有豐富的鐵元素和丙胺酸，還富含維生素B_{12}、鋅、鎂等營養成分。其所含的丙胺酸能給肌肉提供能量，有緩解孕婦疲勞的作用。

▶ 牛肉相宜

芹菜（降低血壓）、馬鈴薯（保護胃黏膜）、洋蔥（補脾健胃）。

▶ 牛肉相剋

白酒（易導致上火）、鯰魚（易引起中毒）。

點選「直接觀看,掃碼視頻」影片即可。

沙薑拌豬肚

益氣
補血

材料 豬肚300克、薑片30克、桂皮10克、八角8克、香葉4克、香菜20克、紅椒20克、花生40克、沙薑50克。

調料 蒸魚豉油10cc,香油5cc,鹽、雞粉、料酒、醬油、食用油各適量。

▶ **營養分析**

孕婦食用可預防虛勞羸弱等症。

作法 01. 鍋中注水燒熱,放入薑片、桂皮、八角、香葉、豬肚,加鹽、雞粉,淋上米酒、醬油,煮熟撈出;香菜洗淨切段;紅椒洗淨切圈;沙薑洗淨切碎末,製成沙薑汁;豬肚切成細絲裝盤。

02. 熱鍋注油,倒入花生米炸至深紅,盛出熱油放入裝有沙薑的碗中,豬肚裝盤,放入紅椒圈和香菜,加鹽、雞粉,倒入花生米。

03. 淋上沙薑味汁、蒸魚豉油和香油即成。

小米蒸排骨

益氣補血

點選「直接觀看，掃碼視頻」影片即可。

材料 排骨400克、小米90克，薑片、蒜末、蔥花各少許。

調料 鹽2克、雞粉少許、玉米粉5克，醬油、米酒、香油各3cc，食用油適量。

▶ **排骨相宜**
西洋參（滋養生津）、洋蔥（抗衰老）。

▶ **排骨相剋**
甘草（易對身體不利）

作法

01. 將洗淨的排骨裝碗中，加薑片、蒜末，加鹽、雞粉，淋入少許醬油、米酒，醃漬10分鐘至入味。

02. 小米洗淨，冷水泡30分鐘，將瀝乾水的小米倒入碗中，撒上玉米粉，淋入香油，拌勻，醃漬10分鐘。

03. 取一個乾淨的盤子，倒入醃漬好的排骨，蒸鍋上火燒開，放入排骨。

04. 中火蒸20分鐘至熟透，撒上蔥花，淋入少許熱油即可。

點選「直接觀看,掃碼視頻」影片即可。

綠豆陳皮排骨湯

清熱解毒

材料 綠豆100克、排骨200克,陳皮、薑片各少許。

調料 鹽、雞粉各2克,胡椒粉3克、米酒6cc。

作法
01. 將排骨洗淨切成小塊,裝盤待用。
02. 鍋中倒入適量清水,放入排骨,大火煮至排骨斷生,掠去浮沫。
03. 倒入洗淨的綠豆、陳皮、薑片,淋入適量料酒,拌勻提味。

04. 將鍋中的材料盛入到砂煲中,並把砂煲置於旺火上。
05. 煮沸後改小火,燉煮約60分鐘至食材熟軟。
06. 取下蓋子,加鹽、雞粉、胡椒粉,拌勻調味。
07. 用鍋勺掠去浮沫。
08. 取下砂煲,擺好盤即成。

點選「直接觀看,掃碼視頻」影片即可。

生薑燉牛肚

增強免疫力

材料 生薑50克、牛肚300克、蔥花少許。

調料 鹽、雞粉各2克,米酒5cc。

作法
01. 將去皮洗淨的生薑切成片。
02. 洗好的牛肚切成粗絲。
03. 砂鍋中注入約800cc清水燒開,下入生薑片。
04. 再倒入牛肚,淋入米酒。
05. 蓋好鍋蓋,用大火燒開,轉小火續煮40分鐘至食材熟透。
06. 取下鍋蓋,調入鹽、雞粉。

07. 拌煮片刻至食材入味。
08. 撒上備好的蔥花,續煮一會至散發出蔥香味。
09. 關火後取下砂鍋即可。

PART2

懷孕早期的營養餐,開胃消食吃得巧

點選「直接觀看，掃碼視頻」影片即可。

砂仁生薑煲豬蹄

理氣安胎

材料 豬蹄400克、薑片20克、砂仁6克。

調料 鹽3克、雞粉3克、米酒9cc、白醋2cc。

作法

01. 鍋中注水燒開，放入豬蹄塊，加白醋、料酒，汆燙2分鐘，去除血水。

02. 將汆燙好的豬蹄撈出，備用。

03. 砂鍋注入適量清水，大火燒開。

04. 放入薑片、砂仁，倒入汆燙好的豬蹄，淋入適量米酒。

05. 蓋上鍋蓋，燒開後用小火煲40分鐘，至豬蹄熟透。

06. 揭蓋，加入適量鹽、雞粉，用湯勺拌勻調味。

07. 將鍋中湯料盛出，裝入碗中即成。

▶ 營養分析

豬蹄含有大量的膠原蛋白，具有補虛弱、填腎精等功能，可有效地防治營養障礙，對消化道出血等失血性疾病有一定食療作用。豬蹄還具有催乳的作用，對於孕婦有補虛和美容的雙重作用。

▶ 豬蹄相宜

木瓜（可豐胸養顏）、黑木耳（滋補陰液、補血養顏）、花生（養血生精）、章魚（補腎）。

▶ 豬蹄相剋

鴿肉（易引起滯氣）

點選「直接觀看」掃碼視頻」影片即可。

甜椒牛肉絲

增強
免疫力

材料 甜椒120克、牛肉200克，薑片、蒜末、蔥白各少許。

調料 鹽3克、雞粉3克、醬油4cc、料酒4cc、太白粉適量。

▶ **營養分析**

孕婦食用牛肉可增強免疫力，促進蛋白質的新陳代謝，有助於恢復體力。

作法

01. 將洗淨的牛肉切成肉絲；甜椒切成絲；將牛肉絲裝入碗中，加鹽、雞粉、醬油，倒入太白粉，注入少許食用油，醃漬約15分鐘至入味。

02. 起油鍋，倒入薑片、蒜末、蔥白爆香。

03. 放入牛肉絲，翻炒，倒入甜椒絲，淋入適量料酒，加鹽、雞粉、醬油，翻炒至入味。

04. 倒入少許太白粉水勾芡，盛出即成。

點選「直接觀看，掃碼視頻」影片即可。

鳳梨牛肉片

材料 鳳梨肉200克、牛肉220克，薑片、蒜末、蔥段各少許。

調料 鹽3克、雞粉少許、白糖2克，醬油2cc、米酒4cc，太白粉、番茄醬、食用油各適量。

▶ **牛肉相宜**
洋蔥（補脾健胃）、枸杞（養血補氣）、南瓜（排毒止痛）。

▶ **牛肉相剋**
橄欖（易引起身體不適）、鯰魚（易引起中毒）。

作法

01. 鳳梨切片；牛肉切片，裝入碗中，加適量鹽、雞粉、醬油，加入太白粉、食用油，醃漬10分鐘。

02. 鍋中注油燒熱，下入薑片、蒜末、蔥段爆香，倒入牛肉片，拌炒至轉色。

03. 下入鳳梨片，淋入適量米酒，炒香，加適量番茄醬，放入鹽、白糖。

04. 倒入適量太白粉水，拌炒一會，將炒好的鳳梨牛肉片盛出即可。

增強免疫力

點選「直接觀看，掃碼視頻」影片即可。

黃瓜雞片

增強免疫力

材料 雞胸肉300克、黃瓜100克、水發木耳40克、紅椒20克，蔥白、薑片各15克。

調料 鹽4克、味素3克，太白粉，食用油各適量。

▶ **營養分析**
黃瓜含水量高，適合孕婦食用，可起到延緩皮膚衰老、增強免疫的作用。

作法 01. 將黃瓜洗淨去皮切片；木耳切塊；紅椒切片；雞胸肉洗淨切片裝碗，加入鹽、味素、太白粉，淋入食用油，醃漬10分鐘至入味。
02. 鍋中注水燒開，加鹽、食用油，放入木耳汆燙至熟撈出。
03. 熱鍋注油燒熱，倒入肉片滑油撈出。
04. 鍋底留油，倒入薑片、蔥白爆香，下紅椒片、黃瓜片、木耳炒勻。
05. 放鹽、味素，倒入太白粉水勾芡，盛出裝盤即成。

胡蘿蔔炒羊肉

益氣補血

材料 羊肉250克、胡蘿蔔200克、青椒20克、薑片、蒜末、蔥白各少許。

調料 鹽3克、米酒、玉米粉、醬油、雞粉、太白粉、食用油各適量。

▶ 營養分析

羊肉含有豐富的蛋白質、脂肪，同時還含有B族維生素及多種礦物質。羊肉為益氣補虛、溫中暖下之品，對虛勞羸瘦、腰膝痠軟、產後虛寒腹痛等皆有較顯著的溫中補虛功效。孕婦寒冬時節常吃羊肉，可促進血液循環，增強禦寒能力。

作法

01. 將胡蘿蔔切片；青椒切小塊；羊肉切成片，放入碗中，加鹽、醬油、雞粉，倒入玉米粉，抓勻，醃漬10分鐘至入味。

02. 鍋中注水燒開，加少許鹽，放入胡蘿蔔，汆燙至熟撈出。

03. 起油鍋，倒入薑片、蒜末、蔥白，爆香，倒入羊肉，拌炒均勻。

04. 淋入米酒，倒入切好的青椒，拌炒均勻；倒入汆燙過的胡蘿蔔，加鹽、雞粉、醬油。

05. 將食材炒勻調味，倒入太白粉水。

06. 將鍋中材料炒至入味。

07. 盛出裝盤即可。

▶ 胡蘿蔔相宜

香菜（開胃消食）、綠豆芽（排毒瘦身）、菠菜（預防中風）。

▶ 胡蘿蔔相剋

白蘿蔔（降低營養價值）、酒（損害肝臟）、橘子（降低營養價值）。

點選「直接觀看」掃碼視頻」影片即可。

檸香雞翅

美容養顏

材料 檸檬50克、雞中翅230克，薑片、蔥條各少許。

調料 鹽3克、白糖18克、雞粉2克、醬油2cc、米酒4cc，太白粉、食用油各適量。

▶ **營養分析**

中醫認為，檸檬具有止渴生津、潤膚養顏、祛暑、安胎、健胃等功能。

作法 01. 將檸檬洗淨切片放入裝有清水的碗中，加入15克白糖、少許鹽，抓勻製成檸檬汁。

02. 將雞中翅裝碗，下薑片、蔥條，加鹽、白糖、雞粉、醬油、米酒，抓勻，醃漬至入味。熱鍋注油燒熱，放入雞中翅，炸熟撈出待用。

03. 鍋底留油，倒入檸檬汁，煮沸，倒入太白粉水，調勻芡汁，放入炸好的雞中翅炒均勻。

04. 盛出用檸檬片圍邊，淋上少許芡汁即可。

點選「直接觀看,掃碼視頻」影片即可。

醋溜雞片

材料 雞胸肉180克,蒜末、蔥段各少許,麵粉30克。

調料 鹽4克、雞粉少許、白糖10克、陳醋5cc,醬油、太白粉、食用油各適量。

▶ **豬肉相宜**
黑木耳(降低心血管病發病率)、冬瓜(開胃消食)。

▶ **豬肉相剋**
菊花(對身體不利)

作法

01. 雞胸肉洗淨切片裝碗,加鹽、雞粉、少許醬油、適量太白粉,醃漬10分鐘,滾上麵粉,裝盤備用。

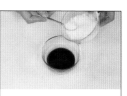

02. 取一個小碗,加入適量陳醋、白糖、鹽,淋入少許清水,攪勻,製成味汁。

03. 熱鍋注油燒熱,放入雞肉片炸至熟透撈出,鍋中注油燒熱,下入蔥段、蒜末,倒入味汁。

04. 加入適量太白粉水調成稠汁,倒入雞肉片,快速拌炒,盛出裝盤即可。

增強免疫力

點選「直接觀看」掃碼視頻影片即可。

嫩薑炒鴨片

益氣補血

材料 鴨肉250克、嫩薑150克，紅椒塊、蒜末、蔥段各少許。

調料 鹽3克、雞粉3克、番茄汁10cc、白糖2克、米酒8cc，太白粉、食用油各適量。

▶ **營養分析**

鴨肉是進補食品，有補腎益氣、消水腫、止咳的功效，非常適合孕婦食用。

作法

01. 將嫩薑洗淨切片；鴨肉洗淨切片裝碗，加鹽、雞粉、米酒、太白粉，加少許食用油，醃漬10分鐘；將薑片裝碗，加少許鹽抓勻醃漬。

02. 起油鍋，放入紅椒塊、蒜末爆香，倒入醃漬好的鴨肉片炒勻，淋入米酒，炒至轉色，放入薑片爆香，加適量番茄汁、鹽、雞粉、白糖，炒勻調味。

03. 撒入少許蔥段，盛出裝盤即可。

薑母鴨

養心
潤肺

材料 鴨肉350克、生薑60克,蔥段、蒜末各少許。

調料 鹽3克、雞粉2克、白糖3克、醬油4cc,米酒、太白粉、食用油各適量。

▶ **鴨肉相宜**
白菜(促進血液中膽固醇的代謝)、芥菜(滋陰潤肺)。

▶ **鴨肉相剋**
甲魚(易導致腹瀉、消化不良)、桃子(易引起噁心、呃逆)。

作法

01. 生薑切片;鴨肉切塊。鍋中注水燒開,入鴨塊,煮沸去浮沫,淋入米酒汆燙片刻撈出。

02. 起油鍋,下入生薑片爆香,倒入鴨塊。淋入少許醬油、米酒,調入鹽、雞粉、白糖炒勻。

03. 注入適量清水,大火收汁,撒上蒜末,倒入少許太白粉水炒勻。

04. 撒上備好的蔥段,翻炒至斷生即成。

點選「直接觀看」掃碼視頻」影片即可。

砂仁鯽魚湯

益氣補血

材料 洗淨鯽魚350克、砂仁6克,薑片、蔥段各少許。

調料 鹽3克、雞粉2克、胡椒粉少許、米酒4cc、食用油適量。

作法 01. 鍋中注油燒熱,放入鯽魚,煎至兩面斷生,盛出放入盤中,待用。

02. 砂鍋中注入適量清水燒熱,放入洗淨的砂仁,大火煮沸後轉小火續煮15分鐘,撒上薑片,放入鯽魚。

03. 淋入少許米酒,大火燒開後

改小火續煮15分鐘至食材熟軟。

04. 調入鹽、雞粉,撒上少許胡椒粉。

05. 略煮片刻至食材入味。

06. 關火後盛出煮好的湯料,撒上蔥段即成。

點選「直接觀看」掃碼視頻」影片即可。

白灼鮮鱸魚

保肝護腎

材料 鱸魚400克,薑絲、蔥絲各少許。

調料 鹽10克、雞粉6克、蒸魚豉油15cc、米酒5cc、食用油適量。

作法 01. 鍋中注入適量清水燒開,加適量鹽、雞粉、米酒,放入洗淨的鱸魚。

02. 蓋上鍋蓋,用小火煮10分鐘至鱸魚熟透。

03. 揭蓋,將煮熟的鱸魚盛出,裝入盤中,待用。

04. 將蔥絲、薑絲放在魚身上。

05. 燒熱炒鍋,倒入適量食用

油,燒至八成熱。

06. 將熱油淋在魚身上。

07. 鍋中留底油,倒入少許清水。

08. 煮沸後加入蒸魚豉油。

09. 用鍋鏟攪拌均勻,煮至沸騰。

10. 將調好的豉油汁淋入盤內即可。

點選「直接觀看,掃碼視頻」影片即可。

香煎檸檬魚塊

開胃消食

材料 草魚肉300克、檸檬70克、蔥花少許。

調料 鹽2克、白醋3cc、白糖20克、醬油2cc,胡椒粉、料酒、雞粉、太白粉以及食用油各適量。

作法

01. 將檸檬切成片;草魚肉切成塊,裝入碗中,加適量鹽、雞粉、白糖、醬油、米酒,撒入少許胡椒粉,拌勻,醃漬10分鐘。

02. 將檸檬片裝碗,加適量白醋、白糖,拌勻,靜置5分鐘,製成檸檬味汁。

03. 鍋中注油燒熱,放入魚塊,煎至熟透,盛出裝盤,備用。

04. 將檸檬味汁倒入鍋中,煮沸後加入適量白糖,煮至溶化,加適量太白粉水製成稠汁。

05. 將檸檬片放在魚塊之間,然後將檸檬汁淋在魚塊上。

06. 最後,撒上蔥花即可。

▶ **營養分析**

草魚富含蛋白質、鈣、磷、鐵、維生素B_1等營養成分,具有幫助暖胃、平肝、祛風、降壓及輕度鎮咳等功能,是溫中補虛的養生食品。此外,常食草魚可幫助增強體質、延緩衰老,女性多吃草魚還可以預防乳腺癌。

▶ **檸檬相宜**

可樂(暖胃驅寒、抵抗感冒、暫時提神)、香菇(益氣豐肌)、乳酪(強健骨骼)、芝麻(補血養顏)。

▶ **檸檬相剋**

牛奶(影響牛奶的消化與吸收)、鴨肉(不利於蛋白質的吸收)。

點選「直接觀看,掃碼視頻」影片即可。

番茄炒蝦仁

增強
免疫力

材料 番茄100克、蝦仁200克,薑片、蔥花各少許。

調料 鹽3克、雞粉2克、米酒5cc,太白粉、食用油各適量。

▶ 營養分析

孕婦適量多吃蝦或蝦皮,可吸收鈣、鋅等營養成分,促進胎兒的生長發育。

作法 01. 將番茄洗淨切成小塊;蝦仁洗淨去除泥腸裝碗,加鹽、雞粉、太白粉,倒入適量食用油,醃漬10分鐘至入味。

02. 起油鍋,下入少許薑片,爆香。

03. 倒入蝦仁,淋入適量米酒,炒香,倒入番茄,放適量鹽、雞粉,淋入少許清水,翻炒片刻。

04. 盛出裝盤,撒入少許蔥花即可。

玉米拌蝦仁

清熱
解毒

材料 鮮玉米粒200克、紅椒15克、蝦仁50克，蒜末、蔥花各少許。

調料 鹽3克、味素1克、雞粉1克，陳醋、醬油、辣椒油各3cc，香油2cc，玉米粉適量。

作法 01. 紅椒去籽切成小塊；蝦仁去除腸泥切成丁裝盤，加少許鹽、雞粉、玉米粉，拌勻後，醃漬10分鐘。

02. 鍋中注水燒開，加鹽、味素，倒入玉米粒、蝦仁、紅椒，煮片刻，將煮好的玉米粒、蝦仁和紅椒撈出，放涼備用。

03. 將玉米粒、蝦仁和紅椒倒入碗中，倒入蒜末和蔥花。

04. 加入鹽、雞粉、陳醋，再加入醬油、辣椒油，倒入香油。

05. 用小湯匙拌勻，盛出裝盤即可。

▶ 營養分析

玉米含蛋白質、糖類、鈣、磷、鐵、硒、鎂、胡蘿蔔素、維生素E等營養素，有幫助開胃益智、調理中氣等功效。玉米中還含有大量鎂，鎂可加強腸壁蠕動，促進機體廢物的排泄，對於便秘的孕婦非常有利。

▶ 蝦仁相宜

香菜（補脾益氣）、豆苗（增強體質、促進食慾）、枸杞（補腎壯陽）、豆腐（利於消化）。

▶ 蝦仁相剋

橄欖（可能引起身體不適）

點選「直接觀看」掃碼視頻」影片即可。

酸菜魚片湯

材料 草魚肉200克、酸菜150克、薑絲20克、蔥花少許。

調料 鹽3克、雞粉2克、胡椒粉少許、太白粉、食用油各適量。

作法 01. 洗淨的酸菜切成段。

02. 草魚肉用斜刀切成片，將魚片裝入碗中，加入適量鹽、雞粉、胡椒粉、太白粉，再倒入適量食用油拌勻，醃漬5分鐘至入味。

03. 鍋中倒入適量清水燒開，放入適量食用油、酸菜，略煮片刻，放入薑絲；蓋上鍋蓋，煮1分鐘。

04. 揭蓋，放入魚片，拌勻，煮約1分鐘至熟。

05. 放入蔥花，再加入適量鹽、雞粉調味。

06. 將湯料盛出，裝入湯碗中即可。

點選「直接觀看」掃碼視頻」影片即可。

海帶魚頭湯

材料 海帶200克、魚頭400克，薑片、蔥花各少許。

調料 鹽2克、雞粉2克、米酒5cc、食用油適量。

作法 01. 將洗淨的海帶切成粗絲；洗好的魚頭切成大塊。

02. 起油鍋，下入備好的薑片，用大火爆香。

03. 下入魚塊，鋪放開，撒上少許鹽，用大火略煎片刻。

04. 待魚肉散發出焦香味後晃動炒鍋，轉中火，淋入少許米酒，注入適量開水，用大火煮約7分鐘至魚肉熟軟。

05. 撈出浮沫，放入適量雞粉，下入切好的海帶。

06. 拌勻，續煮約2分鐘至食材熟透。

07. 關火後盛出煮好的湯料，撒上蔥花即可。

點選「直接觀看」掃碼視頻」影片即可。

雪裡紅筍片湯

開胃
消食

材料 雪菜末70克、竹筍120克、金華火腿30克、蔥花少許。

調料 鹽、雞粉各2克，胡椒粉少許、香油2cc、食用油適量。

▶ **營養分析**

竹筍含有較豐富的蛋白質、胺基酸、鈣、磷、鐵、胡蘿蔔素、維生素等成分，有益氣和胃、治消渴、利水道、利膈爽胃等功效。此外，竹筍還具有低脂肪、低糖、多纖維的特點，適合孕婦食用。

作法

01. 將去皮洗淨的竹筍切成薄片；洗好的火腿切成片。

02. 鍋中注入適量清水燒開，倒入竹筍片，煮約半分鐘，撈出汆燙好的竹筍，瀝乾裝盤。

03. 起油鍋，放入火腿片，待火腿變軟後注入適量清水，放入筍片，下入雪菜末。

04. 用大火燒開後，轉小火續煮5分鐘至食材熟透。

05. 調入鹽、雞粉，撒上少許胡椒粉。

06. 淋入香油，拌煮片刻至入味。

07. 關火後盛出煮好的湯料，裝在湯碗中，撒上蔥花即成。

▶ **雪裡紅相宜**

百合（清熱除煩、開胃）、豬肝（有助於鈣的吸收）、豬肉（可增強身體免疫力）。

檸檬花生黑米粥

益氣
補血

懷孕早期的營養餐，開胃消食吃得巧

材料 熟黑米60克、花生仁50克、檸檬40克。

調料 冰糖30克

▶ **營養分析**

黑米含有大米所缺乏的維生素C、葉綠素、花青素、胡蘿蔔素及強心苷等特殊成分，熬制的米粥清香油亮，軟糯適口，營養豐富，對孕婦有很好的滋補作用。

作法
01. 將檸檬切成片，裝入盤中備用。
02. 鍋中倒入適量清水，放入洗好的花生，將水燒開，轉小火續煮10分鐘至花生熟軟。
03. 將煮熟的黑米倒入鍋中。
04. 用小火煮約30分鐘至食材熟爛。
05. 將冰糖、檸檬依次倒入鍋中，輕輕攪勻，煮至冰糖完全溶化。
06. 將煮好的甜粥盛出即可。

紅棗大米粥

材料 大米400克、紅棗40克、薑片少許。

調料 紅糖20克

▶ **紅棗相宜**
南瓜（補中益氣、收斂肺氣）、蠶蛹（健脾補虛、除煩安神）。

▶ **紅棗相剋**
螃蟹（易導致寒熱病）、黃瓜（破壞維生素C）。

作法

01. 砂煲注水燒開，倒入洗好的大米，攪拌均勻。

02. 倒入洗淨的紅棗、薑片，煮沸後用中火煲煮約30分鐘至大米熟軟。

03. 放入適量紅糖，用鍋勺拌勻，煮至紅糖溶化。

04. 攪拌均勻，盛出煮好的紅棗生薑粥即成。

益氣補血

點選「直接觀看」掃碼視頻」影片即可。

南瓜椰奶羹

清熱
解毒

材料 椰奶80cc、南瓜50克、糙米20克。

調料 白糖30克

作法
01. 將去皮的南瓜切成小塊。
02. 鍋中加入適量清水，大火燒開，倒入洗好的糙米。
03. 煮沸後，轉小火續煮約40分鐘至糙米熟透。
04. 將處理好的南瓜倒入鍋中。
05. 小火煮約10分鐘至南瓜熟軟。
06. 在鍋中加入椰奶，大火煮至

沸騰，再放入白糖。
07. 拌勻，煮約2分鐘至糖完全溶化。
08. 將煮好的甜羹盛出即可。

點選「直接觀看」掃碼視頻」影片即可。

紅棗奶

美容
養顏

材料 牛奶200cc、鵪鶉蛋50克、紅棗20克。

調料 白糖40克

作法
01. 鍋內倒入約600cc清水燒熱，下入洗淨的紅棗。
02. 蓋上鍋蓋，用大火煮至沸騰，轉小火續煮約30分鐘至紅棗漲發。
03. 倒入牛奶，加入白糖，攪拌均勻。
04. 再放入鵪鶉蛋，蓋上鍋蓋，用小火煮10分鐘。

05. 取下鍋蓋，攪拌幾下，關火後盛出煮好的紅棗奶即成。

點選「直接觀看,掃碼視頻」影片即可。

麥冬竹葉粥

滋陰
潤肺

材料 麥門冬3克、紅棗20克、竹葉少許、大米200克。

調料 鹽3克、雞粉2克、食用油適量。

作法

01. 砂鍋中注入900cc清水,用大火燒開,倒入大米,攪拌均勻。

02. 下入洗淨的紅棗、麥門冬和竹葉,用湯勺攪拌均勻。

03. 倒入適量食用油,蓋上鍋蓋,用小火煮30分鐘至食材熟透。

04. 加入適量鹽、雞粉,用湯勺拌勻調味。

05. 將煮好的粥盛出,裝入大碗中即可。

▶ 營養分析

紅棗營養豐富,含有蛋白質、脂肪、糖類、有機酸、黏液質、鈣、磷、鐵和多種維生素。紅棗性溫,味甘,有補中益氣、養血安神的功效,特別適合孕婦食用。

▶ 紅棗相宜

豬蹄(防治女性經期鼻出血的症狀)、大米(健脾胃、補氣血)、桂圓(補虛健體)。

▶ 紅棗相剋

動物肝臟(破壞維生素C)、螃蟹(易導致寒熱病)。

點選「直接觀看」影片即可。

陳皮薑絲茶

開胃
消食

材料 生薑60克、陳皮6克。

調料 紅糖20克

▶ **營養分析**

生薑含有薑醇、薑烯、檸檬醛、薑辣素等成分，有排汗降溫、提神等作用，可緩解疲勞、嘔吐、失眠等症狀。此外，生薑還有健胃、增進食慾的作用，適合孕婦食用。

作法 01. 將洗淨去皮的生薑切成絲；陳皮切成小塊，裝入盤中，備用。

02. 砂鍋中注入適量清水，放入洗好的陳皮。

03. 燒開後用小火續煮5分鐘，放入切好的薑絲，用小火再煮4分鐘。

04. 放入適量紅糖，攪拌勻，煮至紅糖溶化。

05. 把陳皮薑絲茶盛出，裝入碗中即可。

PART 3

懷孕中期的營養餐
進補營養正當時

進入懷孕中期，準媽媽擺脫了早期的噁心、嘔吐、沒食慾的早孕反應，胃口會迅速轉好，而胎兒也進入了快速發育期，需要大量的營養。相對於懷孕早期而言，準媽媽在懷孕中期的食量也會相對增多，也會變得比較容易餓。這時，既要保證母嬰營養充足，又要防止準媽媽發胖，因此要合理進食，注意膳食多樣化，全面兼顧準媽媽和寶寶各種必需的營養成分，滿足能量的需要。

點選「直接觀看」掃碼視頻即可。

冬筍香菇炒白菜

降壓
降糖

材料 冬筍150克、水發香菇100克、白菜200克，薑片、蒜末、蔥段各少許。

調料 醬油3cc，鹽、雞粉、米酒、太白粉、香油、食用油各適量。

▶ **營養分析**

竹筍含有蛋白質、胺基酸、鈣、磷、鐵、胡蘿蔔素及多種維生素，具有低脂低糖、多纖維的特點，很適合孕婦食用。

作法 01.將白菜切成絲；冬筍切成薄片；香菇切成小塊。

02.鍋中注水燒開，加鹽、冬筍，拌勻，汆燙半分鐘；倒入香菇塊拌勻，汆燙半分鐘後撈出。

03.鍋中注油燒熱，放入薑片、蒜末、蔥段，爆香，下入白菜炒勻，淋入米酒，拌炒至熟軟。

04.倒入汆燙好的食材炒勻，淋入醬油，炒香，加鹽、雞粉調味，再倒入太白粉水略微勾芡。

05.淋上香油，炒勻後盛出即可。

酸甜圓白菜

降壓
降糖

材料 圓白菜300克、紅椒10克，蒜末、蔥段各少許。

調料 鹽2克、白糖3克、白醋7cc，番茄醬10cc，食用油、太白粉各適量。

▶圓白菜相宜
番茄（益氣生津）、豬肉（補充營養、通便）。

▶圓白菜相剋
黃瓜（降低營養價值）

作法

01. 將洗淨的圓白菜切成小片；紅椒切成片。

02. 鍋中注水燒開，放入圓白菜，拌勻，汆燙約1分鐘至斷生，撈出，瀝乾水分。

03. 鍋中注油燒熱，放入蒜末、蔥段、紅椒，炒出香味，倒入圓白菜，炒勻，淋入適量清水，拌炒均勻。

04. 加蓋，大火煮2分鐘，加鹽、白糖，炒勻，加白醋、番茄醬，炒勻調味，倒入太白粉水，略微勾芡即可。

點選「直接觀看，掃碼視頻」影片即可。

核桃菠菜

提神健腦

材料 菠菜270克、核桃仁35克。

調料 鹽、雞粉各2克，食用油適量。

▶ 營養分析

核桃含有亞油酸和維生素E，有潤肺、補腎等功能。此外，它還含有豐富的磷脂和賴胺酸，尤其適合腦力勞動者或孕婦食用，能有效補充腦部營養、健腦益智、增強記憶力。

作法
01. 將洗淨的菠菜切成段。
02. 熱鍋注油，燒至三成熱，放入核桃仁，滑油1分鐘，撈出，裝入盤中。
03. 放入少許鹽，拌勻，備用。
04. 鍋底留油，倒入切好的菠菜，翻炒均勻。
05. 加入適量鹽、雞粉，翻炒至熟。
06. 將炒好的菠菜盛出裝盤，放上備好的核桃仁即可。

蒜蓉油菜

材料 油菜300克、蒜蓉7克。

調料 鹽4克、白糖2克，味素、雞粉、食用油各少許。

▶ **油菜相宜**

香菇（預防癌症）、豆腐（補充鈣質、增強免疫力）。

▶ **油菜相剋**

黃瓜（破壞維生素C）、南瓜（降低營養）。

作法

01. 洗淨的油菜根部切上十字花刀，放入盤中，待用。

02. 鍋中注水燒開，加食用油、2克鹽，拌勻，放入油菜，汆燙約半分鐘撈出，瀝乾水分。

03. 起油鍋，下入蒜蓉，大火爆香，倒入汆燙過的油菜。

04. 加入鹽、味素、白糖、雞粉調味，翻炒至食材熟透即可。

美容養顏

絲瓜炒油條

美容
養顏

材料 絲瓜500克、油條70克，薑片、蒜末、胡蘿蔔、蔥白各少許。

調料 鹽3克、味素5克、雞精2克，太白粉、蠔油、食用油各適量。

作法
01. 將洗淨的絲瓜去皮切成塊。
02. 油條切成長短等同的段。
03. 炒鍋置旺火上，注入適量食用油，燒熱後倒入薑片、蒜末、蔥白、胡蘿蔔，爆香。
04. 倒入絲瓜炒勻，加入少許清水，翻炒片刻。
05. 加入鹽、味素、雞精、蠔

油，快速拌炒。
06. 倒入油條，加少許清水炒1分鐘至油條熟軟。
07. 加入太白粉水勾芡，再淋入少許熟油炒勻。
08. 起鍋，盛出裝盤即可。

素炒筍絲

排毒
養顏

材料 竹筍200克、紅椒20克。

調料 鹽、雞粉各3克，太白粉、醬油、食用油各適量。

作法
01. 將去皮洗淨的竹筍切成絲。
02. 洗淨的紅椒切成絲。
03. 鍋中注入適量清水燒開，加少許食用油，倒入竹筍絲，汆燙約1分鐘至熟，撈出備用。
04. 起油鍋，倒入紅椒絲、竹筍絲，拌炒均勻。
05. 加入適量鹽、雞粉、醬油，

炒勻調味。
06. 加入少許太白粉水，用鍋鏟快速拌炒均勻。
07. 關火，裝入盤中即可。

點選「直接觀看」掃碼視頻」影片即可。

彩椒炒榨菜

開胃
消食

材料 榨菜絲150克、彩椒100克，紅椒絲、蒜末各少許。

作法

01. 將洗淨的彩椒切絲。
02. 熱鍋注入少許油，倒入蒜末爆香。
03. 再倒入彩椒、榨菜絲拌炒均勻。
04. 再倒入紅椒絲拌炒片刻。
05. 加少許鹽、味素炒勻。
06. 再用太白粉水勾芡，拌炒均勻。
07. 關火，盛入盤中即成。

調料 鹽、味素、太白粉、食用油各適量。

▶ 營養分析

榨菜富含人體所必需的蛋白質、胡蘿蔔素、膳食纖維、礦物質等成分。它具有健脾開胃、提神的功效。

▶ 彩椒相宜

鱔魚（開胃）、空心菜（降低血壓、消炎止痛）、肉類（促進消化、吸收）、紫甘藍（促進腸胃蠕動）。

▶ 彩椒相剋

羊肝（對身體不利）

點選「直接觀看，掃碼視頻」影片即可。

花椰菜炒蛋

益氣補血

材料 雞蛋2個、花椰菜300克，蔥花、蒜末各少許

調料 鹽3克，雞粉、米酒、太白粉、食用油各適量。

▶ 營養分析

雞蛋含有多種維生素和胺基酸，而且比例與人體很接近，人體利用率達99.6%。雞蛋的鐵含量尤其豐富，利用率達100%，是人體鐵的良好來源，是懷孕期和產後恢復期的良好補品。

作法
01. 洗淨的花椰菜切小朵；雞蛋打入碗中，加少許鹽，用筷子攪散。
02. 鍋中注水煮沸，加鹽、食用油，倒入花椰菜，汆燙至斷生後撈出。
03. 起油鍋，將蛋液倒入油鍋中炒至成形，盛出待用。
04. 蒜末入油鍋爆香，倒入花椰菜炒勻，淋入米酒炒香，再加鹽、雞粉炒勻調味。
05. 加少許水，倒入雞蛋炒勻，撒入蔥花；淋入適量太白粉水，炒勻，盛盤即可。

點選「直接觀看」掃碼觀頻」影片即可。

三色桃仁

瘦身排毒

材料 鮮玉米粒80克、核桃仁100克、紅豆50克、西芹60克，胡蘿蔔70克。

調料 雞粉2克、香油2cc，鹽、食用油各適量。

作法
01. 將洗淨的西芹、胡蘿蔔切塊。
02. 鍋中加入適量清水，倒入泡好的紅豆，蓋上鍋蓋煮沸後，改以小火續煮40分鐘至熟爛，撈出，待用。
03. 鍋中加水燒開，放入核桃仁，加少許鹽，倒入玉米粒、胡蘿蔔，汆燙3分鐘至熟，加入少許食用油，倒入西芹，汆燙半分鐘至斷生，將核桃仁、玉米、胡蘿蔔和西芹撈出。
04. 倒入煮好的紅豆，加入鹽、雞粉，淋入香油，將碗中材料拌勻調味。
05. 盛出裝盤即可。

▶ 營養分析
核桃仁含有較多的蛋白質，尤其人體必需的不飽和脂肪酸，這些成分皆為大腦組織細胞代謝所需的重要物質，能增強腦功能。對於孕婦和胎兒，均有補腦的作用。

▶ 核桃相宜
鱔魚（降低血糖）、薏米（補肺、補脾、補腎）、芹菜（補肝腎、補脾胃）、梨（防治百日咳）。

▶ 核桃相剋
白酒（易導致血熱）、茯苓（削弱茯苓的藥效）、甲魚（易導致身體不適）。

點選「直接觀看，掃碼視頻」影片即可。

腰果萵筍炒山藥

降壓
降糖

材料 腰果60克、山藥150克、萵筍100克、胡蘿蔔100克，蒜末、蔥白各少許。

調料 鹽3克、雞粉2克，太白粉、米酒、食用油各適量。

作法

01. 將去皮洗淨的山藥、胡蘿蔔、萵筍均切成滾刀塊。

02. 鍋中注水燒開，加鹽、食用油，倒入胡蘿蔔、萵筍、山藥，汆燙約1分鐘至熟後撈出。

03. 熱鍋注油，燒至三成熱，放入腰果，炸約1分鐘至熟，撈出。

04. 鍋底留油，入蒜末、蔥段，爆香，倒入汆燙過的材料，炒勻。

05. 加入適量鹽、雞粉，淋入適量米酒，炒勻調味。

06. 倒入適量太白粉水勾芡，放入炸好的腰果。

07. 快速拌炒均勻，盛出裝盤即可。

▶ 營養分析

萵筍中維生素含量較豐富，還含有鋅、鐵、鉀等營養元素，能增進食慾，刺激消化液分泌，促進胃腸蠕動等功能。萵筍還含有葉酸，孕婦在妊娠期多吃萵筍，有助於胎兒脊髓的正常發育。

▶ 萵筍相宜

木耳（對妊娠高血壓、糖尿病等有一定的防治作用）、香菇（利尿通便、降脂降壓）。

▶ 萵筍相剋

蜂蜜（造成脾胃功能呆滯、對身體不利）

點選「直接觀看」掃碼視頻」影片即可。

番茄炒山藥

材料 番茄100克、山藥200克，蒜末、蔥花各少許。

調料 鹽3克、雞粉2克、白醋10cc，太白粉、食用油各適量。

▶ **山藥相宜**
玉米（增強免疫力）

▶ **山藥相剋**
鯽魚（不利於營養物質的吸收）、菠菜（降低營養價值）。

作法

01. 將洗淨的番茄、山藥切成片。

02. 鍋中注水燒開，加鹽、白醋，放入山藥片，汆燙2分鐘至斷生，撈出，瀝乾水分。

03. 起油鍋，放蒜末爆香後，放入番茄、山藥片，拌炒均勻，加入鹽、雞粉，炒勻調味。

04. 注入少許清水，用中火煮沸後轉大火收汁，倒入少許太白粉水勾芡，撒上蔥花，拌炒均勻即可。

益氣補血

點選「直接觀看」掃碼視頻」影片即可。

香煎蓮藕餅

益氣補血

材料 蓮藕250克、豬肉100克、雞蛋1個，薑末、蔥花各少許。

調料 鹽、雞粉各2克，玉米粉10克、食用油適量。

作法
01. 去皮洗淨的蓮藕、豬肉均剁成末；雞蛋打入碗中，攪勻。
02. 將蓮藕末倒在乾淨的毛巾上，包裹緊實，擰乾水分，放入碗中，加肉末、薑末、鹽、雞粉拌勻，倒入蛋液拌勻，撒上少許玉米粉，拌勻
至上漿，再放入蔥花拌勻，製成餡料。
03. 炒鍋注油燒至三成熱。取模具，放入餡料壓製成餅狀，然後放入燒熱的油鍋中，依次將剩餘的餡料壓製成餅狀，也放入鍋中。
04. 不時轉動炒鍋，將藕餅煎約2.5分鐘至成形，翻面再煎約2分鐘，翻動藕餅，再煎約1.5分鐘至藕餅兩面呈金黃色，盛出，裝在盤中即可。

點選「直接觀看」掃碼視頻」影片即可。

黑米蒸蓮藕

美容養顏

材料 蓮藕150克、黑米100克。

調料 白糖適量

作法
01. 將去皮洗淨的蓮藕切下一個小蓋子，備用。
02. 將泡洗好的黑米填入蓮藕孔中，塞滿，壓實。
03. 蓋子塞入黑米後蓋在蓮藕上，插入牙籤，固定封口。
04. 將塞滿黑米的蓮藕放入燒開的蒸鍋中，小火蒸30分鐘至蓮藕熟透。
05. 將蒸熟的蓮藕切成片，擺入盤中。
06. 再撒上白糖即可。

點選「直接觀看，掃碼視頻」影片即可。

香菇蒸紅棗

美容
養顏

材料 鮮香菇60克、紅棗80克、蔥花少許。

調料 鹽、雞粉各少許，醬油3cc、玉米粉4克，香油、食用油各適量。

作法
01. 將洗淨的香菇切成小塊，洗好的紅棗去核，取果肉切成絲。
02. 將切好的香菇裝入碗中，加入適量鹽、雞粉、醬油。
03. 放入切好的紅棗，撒入適量玉米粉。
04. 倒入適量食用油、香油，攪拌均勻至入味。
05. 將拌好的香菇和紅棗裝入盤中。
06. 將盤子放到燒開的蒸鍋中，用大火蒸5分鐘。
07. 將蒸好的香菇和紅棗取出，撒上少許蔥花即可。

▶ 營養分析
香菇是一種高蛋白、低脂肪的健康食品，它富含18種胺基酸和30多種酶，有抑制血液中膽固醇升高和降低血壓的作用，還有健脾胃、益智安神、美容養顏的功效。

▶ 香菇相宜
牛肉（補氣養血）、木瓜（減脂降壓）、豆腐（有助吸收營養）。

▶ 香菇相剋
鵪鶉（易面生黑斑）、螃蟹（可能引起結石）。

點選「直接觀看」掃碼視頻」影片即可。

肉末茄子

美容
養顏

材料 茄子150克、豬肉末100克、蔥10克、高湯適量。

調料 鹽3克，雞粉、白糖各1克，蠔油、米酒、太白粉、香油、食用油各適量。

▶ 營養分析

茄子含有蛋白質、維生素E以及鈣、磷、鐵等多種營養成分。有防止出血和抗衰老的功能，因此，孕婦適量吃茄子對寶寶發育和生產均具有積極的意義。

作法 01. 洗淨的茄子去皮，切長條，放水中浸泡；蔥切成段；茄條入熱油鍋略炸撈出。

02. 鍋底留油，入蔥段、肉末，炒香，加料酒炒勻，再倒入高湯，拌勻。加入鹽、雞粉、白糖，炒勻，加入少許蠔油，拌勻煮沸。

03. 倒入茄條，拌煮入味，淋入香油，入蔥段，再加少許熟油，拌勻。

04. 將鍋中材料倒入熱砂煲，煨煮片刻，加太白粉水勾芡即成。

點選「直接觀看,掃碼視頻」影片即可。

青豆燜肉

益氣補血

材料 青豆300克、豬肉200克,薑片、蒜末、蔥段各少許。

調料 鹽3克、雞粉2克,白糖、太白粉、醬油、米酒、紅麴豆腐乳、食用油各適量。

▶豬肉相宜

芋頭(可滋陰潤燥、養胃益氣)、白蘿蔔(消食、除脹、通便)。

▶豬肉相剋

田螺(容易傷腸胃)

作法

01. 將洗淨的豬肉切成條,待用。

02. 熱鍋注油,放進豬肉,炒至變色,加白糖、醬油,炒勻,加米酒,放薑片、蒜末,拌炒均勻。

03. 放入紅麴豆腐乳,炒香,加清水,蓋上鍋蓋,用大火煮沸後轉小火燜煮約10分鐘後揭蓋,倒入青豆拌勻。

04. 加入雞粉、鹽,燜5分鐘至食材熟透,用大火收乾汁水,撒入蔥段炒勻,淋入太白粉水炒勻即可。

點選「直接觀看，掃碼視頻」影片即可。

金針炒肉絲

開胃消食

材料 水發金針150克、豬瘦肉200克、紅椒15克，薑片、蒜末、蔥白各少許。

調料 鹽3克、雞粉3克，醬油、米酒各5cc，太白粉、食用油各適量。

▶ 營養分析

金針含有蛋白質、維生素C、胡蘿蔔素、胺基酸等人體所必需的養分，有清熱、利溼、消食、明目、安神等功效。

作法
01. 洗淨的瘦肉、紅椒切絲。
02. 肉絲裝入碗中，加鹽、雞粉、太白粉，抓匀，加食用油，醃漬10分鐘。
03. 金針放進煮開的水中，汆燙約1分鐘至熟，撈出。
04. 起油鍋，入薑片、蒜末、蔥白、紅椒爆香，倒入肉絲炒至轉色，淋入米酒炒香。
05. 倒入金針，炒匀，加鹽、雞粉、少許醬油，快速拌炒至入味，加入太白粉水勾芡，盛出裝盤即可。

點選「直接觀看」掃碼視頻」影片即可。

空心菜梗炒肉絲

材料 空心菜梗200克、豬瘦肉
100克、紅椒20克，蒜末、
薑絲各少許。

調料 鹽、雞粉各4克，米酒5cc，
太白粉、食用油各適量。

▶ 豬肉相宜
芋頭（可滋陰潤燥、養胃益
氣）、白蘿蔔（消食、除脹、通
便）。

作法

01. 洗淨的空心菜
梗、紅椒、瘦肉切
成細絲。

02. 肉絲放入碗中，
加入鹽、雞粉，倒
入少許太白粉，再
倒入適量食用油，
醃漬10分鐘。

03. 起油鍋，倒入
薑絲、蒜末、紅椒
絲爆香，倒入醃漬
好的肉絲，翻炒至
變色，淋上少許米
酒，炒勻。

04. 加入鹽、雞粉，
翻炒至入味，倒入
少許太白粉水，翻
炒均勻即成。

清熱
解毒

點選「直接觀看,掃碼視頻」影片即可。

醬肉四季豆

增強
免疫力

材料 牛肉200克、四季豆350克、紅椒10克,薑片、蒜末、蔥段各少許。

調料 鹽、雞粉各3克,甜麵醬、米酒、醬油、太白粉、食用油各適量。

▶ 營養分析

牛肉屬高蛋白、低脂肪的食品,其含多種胺基酸和礦物質,有補中益氣、滋養脾胃的功效,適宜孕婦食用。

作法
01. 將四季豆切丁;紅椒切塊;牛肉剁成肉末。
02. 鍋中注油燒熱,入薑片、蒜末、蔥白,爆香,下牛肉,炒至變色,淋入米酒,炒勻。
03. 加甜麵醬,炒香,倒入四季豆、紅椒,注入清水,加鹽、雞粉、醬油,調味。
04. 加蓋,煮約3分鐘至食材熟透。
05. 用大火收濃湯汁,淋入少許太白粉水,快速炒勻,盛出裝盤即可。

油豆腐燒肉

點選「直接觀看」掃碼視頻」影片即可。

益氣
補血

材料 油豆腐200克、五花肉300克，蔥條、大蒜、生薑、蒜苗各適量。

調料 鹽、白糖、雞粉、醬油、米酒、太白粉、食用油各適量。

▶ 營養分析

豬肉含有豐富的優質蛋白質和人體必需的脂肪酸，有助於促進鐵的吸收，能改善缺鐵性貧血。豬肉具有補腎養血、滋陰潤燥的功效，孕婦可適量多吃。

作法

01. 將五花肉切成塊；蒜苗、蔥切成段；生薑、大蒜拍破備用；將五花肉裝入碗中，加入醬油、米酒拌勻，醃漬10分鐘。

02. 鍋中加適量清水和少許鹽、白糖、雞粉，攪勻，放入油豆腐，煮3分鐘至軟，撈出。

03. 另起油鍋，放入五花肉炸至熟後撈出。

04. 鍋底留油，放入蔥段、大蒜、生薑煸香，倒入五花肉，加少許醬油，再淋入少許米酒，翻炒均勻，倒入適量清水，加鹽、白糖、雞粉調味，燜煮8分鐘至五花肉熟爛。

05. 放入油豆腐拌炒均勻，撒入蒜苗炒勻，加少許太白粉水勾芡，拌炒至入味即可。

▶ 豬肉相宜

番薯（降低膽固醇）、白蘿蔔（消食、除脹、通便）。

▶ 豬肉相剋

田螺（容易傷腸胃）

點選「直接觀看」掃碼視頻」影片即可。

枸杞蒸豬肝

保肝
護腎

材料 豬肝150克、枸杞10克，薑片、
蔥花各少許。

調料 鹽、雞粉各2克，醬油、米酒
各3cc，玉米粉4克、食用油各
適量。

作法
01. 將洗淨的豬肝切成片。
02. 豬肝裝入碗中，加入一部分枸杞和
薑片，加入鹽和雞粉，再淋入醬油
和料酒，倒入適量玉米粉，注入食
用油，拌勻，醃漬10分鐘。
03. 將醃漬好的豬肝裝入盤中，撒上剩
餘的枸杞。
04. 將加工好的豬肝放進燒開的蒸鍋
中，以中火蒸8分鐘。
05. 將蒸好的豬肝取出，撒上蔥花，再
澆上少許食用油即可。

▶ 營養分析

豬肝含有豐富的鐵、磷，它們是造血
不可缺少的原料。豬肝中富含蛋白
質、卵磷脂和微量元素，有利於寶寶
的智力發育和身體發育。豬肝中還含
有豐富的維生素A，常吃豬肝，對寶
寶眼睛發育也有益處。

▶ 豬肝相宜

榛子（有利於鈣的吸收）、銀耳（養肝、明
目）、蓮子（補脾健胃）、白菜（促進營養物
質的吸收）。

▶ 豬肝相剋

山楂（破壞維生素C）、蕎麥（影響消
化）、鵪鶉（破壞維生素）。

魚香豬肝

材料 豬肝250克、水發木耳40克、酸筍50克、蒜苗40克，薑片、蒜末、蔥白各少許。

調料 鹽4克、雞粉2克、豆瓣醬10克、米酒9cc，陳醋5cc，太白粉、食用油各適量。

▶ **豬肝相宜**
松子（促進營養物質的吸收）、菠菜（改善貧血）。

▶ **豬肝相剋**
山楂（破壞維生素C）、蕎麥（影響消化）。

作法

01. 蒜苗切段；酸筍切片；木耳切絲；豬肝切片，加鹽、雞粉、米酒拌勻，醃漬10分鐘。

02. 鍋中注水燒開，倒入酸筍和木耳，汆燙約半分鐘，去除雜質，撈出，備用。

03. 起油鍋，放薑片、蒜末、蔥白爆香，倒入豬肝，淋入米酒拌炒均勻，倒入酸筍、木耳。

04. 放入蒜苗，加鹽、雞粉、豆瓣醬，淋入陳醋，炒勻調味，加入少許太白粉水，拌炒均勻即成。

增強免疫力

青玉肚片

益氣補血

材料 豬肚150克、冬筍100克、蒜苗80克、青椒10克、水發木耳50克，薑片、蒜末、蔥段各少許。

調料 鹽4克、雞粉2克、豆瓣醬10克，太白粉、米酒、醬油、香油、食用油各適量。

作法 01. 鍋中注水燒開，加米酒、鹽，放入洗淨的豬肚，中火煮約30分鐘至豬肚熟軟，撈出備用。

02. 洗淨的青椒切塊；蒜苗切段；冬筍切片；木耳切朵；豬肚切片。

03. 筍片入開水鍋中汆燙3分鐘去澀味，木耳汆燙1分鐘後撈出。

04. 薑片、蒜末、豬肚入油鍋炒勻，淋入米酒，加青椒、木耳、筍片，加醬油、豆瓣醬，拌炒均勻。

05. 再加鹽、雞粉，入蔥段，倒入太白粉水略微勾芡，淋入香油，拌炒均勻後盛入盤中即成。

油菜扒豬血

開胃消食

材料 油菜200克、豬血250克，薑片、蒜末、蔥花各少許。

調料 鹽4克、雞粉2克，豆瓣醬、米酒、太白粉、香油、食用油各適量。

作法 01. 將洗淨的油菜切成瓣，豬血切成塊狀。

03. 鍋中注水燒開，加入少許鹽，放入豬血，汆燙約1分鐘至豬血呈暗紅色，撈出備用。

04. 油菜放入油鍋中炒軟，加鹽、雞粉、米酒，炒入味，淋入清水，炒勻，盛盤備用。

05. 鍋中另注油燒熱，入薑片、蒜末爆香，加入豆瓣醬，炒香，放入豬血，淋入適量清水，加入適量鹽、雞粉，炒勻調味。

06. 倒入少許太白粉水，炒勻，淋入香油，拌炒均勻，將炒好的豬血盛入盤中，撒上少許蔥花即成。

點選「直接觀看」掃碼視頻」影片即可。

白菜梗炒肉狗

清熱解毒

材料 大白菜梗250克、肉狗150克、紅椒15克，薑片、蒜末、蔥白各少許。

調料 鹽4克、雞粉3克，蠔油、米酒、太白粉、食用油各少許。

▶ **營養分析**

白菜梗富含胡蘿蔔素、維生素B_1、維生素B_2、維生素C、粗纖維以及蛋白質、脂肪和鈣、磷、鐵等成分，具有清熱利水、解表散寒、養胃止渴等功效，適合孕婦食用。

作法
01. 大白菜梗、紅椒切片；肉狗去除外包裝，切片。
02. 鍋中注入適量清水燒開，加少許食用油，倒入大白菜梗，汆燙約1分鐘。
03. 熱鍋注油，燒至四成熱，倒入火腿腸，攪拌勻，滑油片刻撈出瀝油。
04. 鍋底留油，倒入薑片、蒜末、蔥白爆香，加入紅椒、大白菜梗、肉狗，翻炒勻，淋入米酒，加蠔油、鹽、雞粉、炒勻調味。
05. 倒入太白粉水，翻炒均勻。
06. 盛出裝盤即成。

▶ **白菜相宜**

豬肉（補充營養、通便）、牛肉（健胃消食）、海帶（防治碘不足）。

▶ **白菜相剋**

黃瓜（降低營養價值）、甘草（易引起身體不適）。

點選「直接觀看」掃碼視頻，影片即可。

荷蘭豆炒豬耳

開胃消食

材料 滷豬耳400克、荷蘭豆100克、紅椒15克，薑片、蒜末、蔥白各少許。

調料 醬油3cc、鹽2克、米酒3cc、雞粉2克，太白粉、食用油各適量。

▶ 營養分析

荷蘭豆含有蛋白質、脂肪、胡蘿蔔素，以及鈣、磷、鐵等多種礦物質。具有益脾和胃、生津止渴等功效。

作法

01. 洗淨的紅椒切成塊；滷豬耳切成片。

02. 鍋中注水燒開，加入食用油，入荷蘭豆，汆燙半分鐘後撈出備用。

03. 起油鍋，入薑片、蒜末、蔥白爆香，入豬耳和紅椒，加米酒、醬油，炒勻。

04. 倒入荷蘭豆，炒勻，加鹽、雞粉，炒勻調味，倒入少許清水，炒勻。

05. 加入少許太白粉水，翻炒均勻，使其入味。

06. 盛出裝入盤中即成。

藕片炒牛肉

點選「直接觀看」掃碼視頻」影片即可。

益氣補血

材料 蓮藕200克、牛肉150克，青、紅椒各15克，蒜末、薑片、蔥白各少許。

調料 鹽3克，味素、雞粉、小蘇打、醬油、蠔油、米酒、太白粉、食用油各適量。

作法

01. 洗好的藕、牛肉切片；青椒、紅椒切片；牛肉加小蘇打、醬油、鹽、味素、太白粉、食用油，醃漬10分鐘。

02. 鍋中注水燒開，加鹽、食用油，倒入藕片，汆燙2分鐘後撈出；倒入牛肉，汆至斷生撈出，另起油鍋，將牛肉滑油。

▶ 蓮藕相宜

蓮藕（滋陰血、健脾胃）、大米（健脾、開胃）。

▶ 蓮藕相剋

菊花（腹瀉）、人參（屬性相反、不能起補益作用）。

03. 鍋留底油，入蒜末、薑片、蔥白、青椒、紅椒爆香，倒入藕片，翻炒片刻，倒入滑油後的牛肉片。

04. 加鹽、味素、雞粉、蠔油和米酒，翻炒入味，加太白粉水勾芡，再淋入熟油翻炒均勻即成。

點選「直接觀看，掃碼視頻」影片即可。

芥藍炒牛肉

降壓降糖

材料 芥藍200克、牛肉150克，薑片、蔥白、蒜末、紅椒片各少許。

調料 鹽3克，味素、醬油、白糖、蠔油、小蘇打、米酒、太白粉、食用油各適量。

▶ 營養分析

芥藍含蛋白質、維生素A、維生素C和有機鹼，能刺激人的味覺神經，還能加快胃腸蠕動，孕婦食之可緩解便祕。

作法 01. 芥藍切段；牛肉切片後加鹽、醬油、太白粉拌勻，加小蘇打、味素和油，醃漬10分鐘。

02. 鍋中注水燒開，加油、鹽煮沸，入芥藍汆燙至斷生後撈出；再放入牛肉，汆燙至斷生後撈出。

03. 將牛肉放入熱油鍋中，滑油片刻撈出。

04. 鍋留底油，入蒜末、薑片、蔥白、紅椒爆香，入芥藍、米酒炒香，入牛肉炒至熟透。

05. 加蠔油、鹽、味素、白糖調味，用太白粉水勾芡，再淋入熟油，拌勻，盛出裝盤即成。

101

點選「直接觀看」掃碼視頻」影片即可。

山藥煨牛蹄筋

材料 山藥250克、牛蹄筋200克、紅棗20克,蔥段、薑各30克。

調料 鹽、雞粉各2克,米酒、胡椒粉、食用油各適量。

▶山藥相宜
甲魚(養心潤肺)、扁豆(增強免疫力)。

▶山藥相剋
菠菜(降低營養價值)、海鮮(增加腸內毒素的吸收)。

作法

01. 去皮洗淨的山藥切成厚片;薑切成片;牛蹄筋切成小塊。

02. 鍋中注水燒開,放入切好的牛蹄筋,拌勻,去除異味,撈出煮好的牛蹄筋,瀝乾水分。

03. 熱鍋注油,下蔥段、薑片爆香,放牛蹄筋,加半酒,炒勻,加水,放入紅棗、山藥片,加蓋,煮至沸騰。

04. 撿出蔥段,轉入砂煲,置旺火上,加蓋煮沸,小火煲至熟軟,加鹽、雞粉、胡椒粉拌勻即可。

益氣補血

點選「直接觀看」掃碼視頻」影片即可。

三色雞絲

益氣
補血

懷孕中期的營養餐，進補營養正當時

材料 雞胸肉150克、黃瓜100克、金針菇80克、胡蘿蔔60克，薑片、蔥段、蒜末各少許。

調料 鹽、雞粉、太白粉、米酒、香油、食用油各適量。

▶ 營養分析

雞胸肉含有較多的維生素B群，具有緩解疲勞、保護皮膚的作用。其富含的鐵可改善缺鐵性貧血，適合孕婦食用。

作法

01. 洗淨的金針菇切去根部；黃瓜、胡蘿蔔均切細絲；雞胸肉切絲。

02. 雞肉絲加鹽、雞粉、太白粉加食用油抓勻，醃漬約10分鐘至入味。

03. 薑片、蒜末、蔥段入油鍋爆香，入雞絲，炒至轉色，加米酒炒勻，放入胡蘿蔔炒勻。

04. 淋入清水，倒入金針菇、黃瓜，炒熟，加入適量鹽、雞粉，炒勻調味。

05. 淋入少許香油，炒勻，盛入盤中即成。

蘆筍雞柳

增強
免疫力

材料 蘆筍160克、雞胸肉70克、胡蘿蔔50克，薑片、蒜末、蔥白各少許。

調料 鹽6克、雞粉3克，米酒4cc，太白粉、食用油各適量。

作法

01. 洗淨的蘆筍去皮，切成段；胡蘿蔔切成條；雞胸肉切成條，裝入碗中，放入少許鹽、雞粉、太白粉，再淋入適量食用油，抓勻，醃漬10分鐘至入味。

02. 鍋中加水燒開，放入適量鹽，倒入蘆筍、胡蘿蔔汆燙1分鐘，撈出。

03. 鍋中倒入適量食用油燒熱，下入薑片、蒜末、蔥白，倒入雞肉，翻炒至變色。

04. 下入蘆筍、胡蘿蔔，翻炒片刻，淋入適量米酒，加入適量鹽、雞粉，炒勻調味。

05. 倒入適量太白粉水，快速翻炒至入味。

06. 關火，盛出炒好的蘆筍雞柳即可。

▶ 營養分析

蘆筍富含多種維生素、礦物質、微量元素，具有消除疲勞、降低血壓、增進食慾的功效。蘆筍的葉酸含量較多，孕婦經常食用蘆筍有助於胎兒大腦發育。

▶ 雞肉相宜

枸杞（補五臟、益氣血）、冬瓜（排毒養顏）、花菜（益氣壯骨）。

▶ 雞肉相剋

芥菜（影響身體健康）

點選「直接觀看，掃碼視頻」影片即可。

馬鈴薯燉雞塊

增強免疫力

材料 馬鈴薯300克、淨雞肉200克，薑片、蔥花、蒜末各少許。

調料 鹽4克、雞粉3克、蠔油3cc，米酒、醬油、太白粉、食用油各適量。

作法
01. 去皮洗淨的馬鈴薯切丁；雞肉切塊，放入碗中，加入鹽、雞粉、米酒、醬油、太白粉、食用油，抓勻，醃漬10分鐘至入味。
02. 將馬鈴薯倒入熱油鍋中，炸2分鐘至斷生，撈出備用。
03. 鍋中注油燒熱，入薑片、蒜末，爆香，放入雞肉塊，炒至轉色，淋入醬油，炒香。
04. 淋入米酒，炒勻提味，注入適量清水，倒入馬鈴薯，加鹽、雞粉、蠔油，炒勻調味。
05. 蓋上鍋蓋，煮沸後用小火燉煮約5分鐘至食材熟透。
06. 拌炒均勻，用大火收汁。
07. 將鍋中材料盛入盤中，撒上少許蔥花即可。

點選「直接觀看，掃碼視頻」影片即可。

雞肉炒蘑菇

益氣補血

材料 雞胸肉100克、蘑菇150克、紅椒15克，薑片、蒜末、蔥白各少許。

調料 鹽6克、米酒2cc，雞粉、太白粉、食用油各適量。

作法
01. 將洗淨的紅椒切塊；蘑菇、雞胸肉均切片。
02. 雞肉裝入碗中，加鹽、雞粉、太白粉、食用油，抓勻，醃漬10分鐘。
03. 鍋中注水燒開，加鹽，入蘑菇汆燙約1分鐘，加入紅椒，再汆燙約半分鐘，撈出備用。
04. 雞胸肉入沸水鍋中，汆至變色，撈出備用。
05. 起油鍋，倒入薑片、蒜末、蔥白爆香，入蘑菇、紅椒，炒勻，淋入米酒，炒香，倒入雞胸肉，炒勻。
06. 加鹽、雞粉，炒勻，倒入少許太白粉水炒勻，盛出裝盤即可。

點選「直接觀看」掃碼觀頻」影片即可。

竹筍蒸雞翅

益氣補血

材料 竹筍120克、雞翅200克，薑片、蒜末、蔥白各少許。

調料 鹽、雞粉各2克，玉米粉5克、豆瓣醬15克、剁椒15克、香油3cc，米酒、醬油各4cc，食用油適量。

作法 01. 竹筍切成丁；雞翅切成小塊。

02. 將雞翅裝入碗中，放入竹筍，加入少許薑片、蒜末、蔥白，放入適量鹽、雞粉、米酒、醬油、豆瓣醬、剁椒，拌勻。

03. 再加適量玉米粉，拌勻，淋入香油、食用油，醃漬10分鐘。

04. 取一個乾淨的盤，放入拌好的雞翅和竹筍，再放進燒開的蒸鍋中，用大火蒸10分鐘。

06. 將蒸好的竹筍和雞翅取出即可。

▶ 營養分析

雞翅含有豐富的蛋白質，還含有對人體生長發育有重要作用的磷脂類、礦物質及多種維生素，有增強體力、強壯身體的作用，對孕期營養不良、畏寒怕冷、貧血等症有良好的食療作用。

▶ 雞翅相宜

冬瓜（排毒養顏）、花椰菜（益氣壯骨）、竹筍（開胃消食）。

▶ 雞翅相剋

芥菜（影響身體健康）、李子（易引起痢疾）。

南瓜炒雞丁

點選「直接觀看，掃碼視頻」影片即可。

益氣補血

材料 雞肉200克、南瓜300克，薑片、蒜末、蔥段各少許。

調料 鹽5克、雞粉3克、豆瓣醬15克，太白粉、米酒、食用油各適量。

作法

01. 洗淨的南瓜去籽，去皮，切成丁；雞肉切成丁，裝入碗中，加鹽、雞粉、太白粉，注入適量食用油，醃漬10分鐘至入味。

02. 南瓜放入熱油鍋，炸約半分鐘撈出備用。

03. 鍋底留油，倒入雞肉丁，翻炒至變色，下入薑片、蒜末、蔥段，炒出香味，淋入適量米酒，翻炒片刻。

04. 放入南瓜，翻炒均勻，加入鹽、雞粉、豆瓣醬，炒勻調味，倒入適量太白粉水，將鍋中材料快速翻炒勻後關火，盛出裝盤即可。

▶ 營養分析

雞肉是高蛋白、低脂肪的健康食品，其胺基酸的組成與人體需要的十分接近。同時，它所含的脂肪酸多為不飽和脂肪酸，極易被人體吸收。孕婦食之對自身的健康有益，對胎兒的發育也有重要作用。

▶ 雞肉相宜

枸杞（補五臟、益氣血）、人參（止渴生津）、絲瓜（清熱利腸）。

▶ 雞肉相剋

鯉魚（易引起中毒）、芥菜（影響身體健康）、李子（易引起痢疾）。

點選「直接觀看，掃碼視頻」影片即可。

玉米炒雞丁

材料 鮮玉米粒50克、雞胸肉150克，青椒、紅椒各20克，薑片、蒜末、蔥白各少許。

調料 鹽3克，雞粉、味素、米酒、太白粉、食用油各適量。

▶雞肉相宜
枸杞（補五臟、益氣血）、人參（止渴生津）。

▶雞肉相剋
芥菜（影響身體健康）

作法

01. 洗淨的青、紅椒均切丁；雞胸肉切丁，加鹽、味素、雞粉、太白粉、食用油，醃漬10分鐘至入味。

02. 鍋中注水燒開，加食用油、鹽煮沸，放玉米粒、青椒、紅椒，汆燙1分鐘；倒入雞肉，汆至發白撈出。

03. 熱鍋注油，入雞胸肉滑油撈出，鍋底留油，下薑片、蒜末、蔥白爆香，放玉米粒、青椒、紅椒炒勻。

04. 放入雞胸肉，加味素、鹽、雞粉，淋入米酒，炒勻調味，倒入太白粉水，用鍋鏟翻炒均勻即可。

降低血脂

燴雞肝

增強
免疫力

材料 雞肝150克、胡蘿蔔30克、小黃瓜100克，薑片、蔥花各少許。

調料 鹽、雞粉、胡椒粉、米酒、香油、食用油各適量。

▶ **營養分析**

雞肝含豐富的蛋白質、鈣、鐵、維生素等成分，能增強人體的免疫能力，可用於輔助治療孕婦貧血。

作法

01. 小黃瓜切開，去瓜瓤，切片；胡蘿蔔切薄片；雞肝切成薄片，裝入碗中，加鹽、雞粉、胡椒粉、米酒，醃漬10分鐘至入味。

02. 薑片入油鍋爆香，入雞肝炒勻，加米酒炒勻，注入清水，拌勻，大火煮至雞肝斷生。

03. 放入黃瓜、胡蘿蔔，炒勻，加鹽、雞粉，拌勻調味，大火煮約2分鐘至熟。

04. 淋入香油，用鍋鏟拌勻。

05. 關火，盛出的雞肝，撒上少許蔥花即成。

雞肝扒油菜

降低血脂

材料 油菜200克、紅椒12克、雞肝180克，薑片、蒜末、蔥白各少許。

調料 鹽4克、雞粉4克、豆瓣醬10克、料酒9cc，太白粉、香油、食用油各適量。

▶ **油菜相宜**
香菇（預防癌症）、蝦仁（促進鈣吸收）。

▶ **油菜相剋**
黃瓜（破壞維生素C）、南瓜（降低營養）。

作法

*01.*油菜切瓣；紅椒切小塊；雞肝切片，裝入碗中，放鹽、雞粉、米酒，醃漬10分鐘。

*02.*鍋中倒入適量清水燒開，放入醃漬好的雞肝片，汆燙約半分鐘，撈出，瀝乾。

*03.*熱鍋注油，放油菜炒勻，加米酒炒香，加鹽、雞粉，炒勻，加太白粉水勾芡，盛出擺盤。

*04.*起油鍋，下薑片、蒜末、蔥白、紅椒、雞肝、米酒、鹽、雞粉、豆瓣醬、太白粉水、香油炒勻，盛在油菜上即可。

腰果鴨丁

美容養顏

材料 鴨脯肉200克、腰果100克、彩椒80克，薑片、蒜末、蔥段各少許。

調料 鹽4克、雞粉4克、醬油4cc，米酒6cc，太白粉、食用油各適量。

▶ 營養分析

腰果中的某些維生素和微量元素成分，有軟化血管的作用。此外，腰果還含有豐富的油脂，有助於孕婦緩解便祕。

作法

01. 彩椒切丁；鴨脯肉切丁，加鹽、雞粉、太白粉、食用油，醃漬10分鐘。

02. 鍋中注水燒開，加油、鹽，倒入彩椒，汆燙半分鐘至斷生，撈出備用。

03. 腰果倒入熱油鍋，炸約1分鐘至熟撈出。

04. 鍋留底油，入薑片、蒜末、蔥段爆香，入鴨肉丁炒至轉色，加醬油、米酒，炒勻。

05. 倒入彩椒炒勻，加鹽、雞粉、太白粉水炒勻，倒入腰果，炒勻，盛出裝盤即成。

檸檬鴨肝

增強
免疫力

材料 鴨肝180克、檸檬70克、胡蘿蔔60克、青椒40克，薑片、蒜末、蔥段各少許。

調料 鹽4克、白糖3克，太白粉、雞粉、米酒、食用油各適量。

作法

01. 洗淨的青椒切成小塊；胡蘿蔔、檸檬切成片。

02. 洗淨的鴨肝切成片，裝入碗中，加入少許鹽、雞粉、米酒，醃漬10分鐘至入味。

03. 將檸檬片放入裝有清水的碗中，加入適量鹽、白糖，抓勻，靜置10分鐘，製成檸檬汁。

04. 鍋注水燒開，加少許鹽，入胡蘿蔔片汆燙1分鐘撈出，再放入鴨肝汆至轉色，撈出。

05. 用油起鍋，入薑片、蒜末爆香，倒入鴨肝，淋少許米酒炒勻，放入青椒、胡蘿蔔片。

06. 加鹽、檸檬汁，大火煮沸，倒入太白粉水勾芡，放入少許檸檬片，快速拌炒均勻即可。

▶ 營養分析

鴨肝含有蛋白質、維生素及鈣、磷、鐵、鋅等營養物質，能增強人體的免疫力，抗氧化，防衰老，並能抑制腫瘤細胞的產生，可用於輔助治療孕婦和小兒貧血。

▶ 鴨肝相宜

大米（輔助治療貧血及夜盲症）、絲瓜（補血養顏）。

▶ 鴨肝相剋

芥菜（降低營養價值）、白蘿蔔（降低營養價值）。

點選「直接觀看」掃碼視頻」影片即可。

冬瓜蛋黃羹

降低血脂

材料 冬瓜200克、熟雞蛋1個。

調料 冰糖20克、太白粉適量。

作法

01. 將熟雞蛋的蛋黃取出，用刀壓碎剁成末；冬瓜切成丁，備用。
02. 鍋中注入清水，用大火燒開，將冬瓜倒入鍋中，轉小火煮約15分鐘至冬瓜熟軟。
03. 倒入冰糖，煮至冰糖完全溶化。
04. 將處理好的蛋黃倒入鍋中，用湯勺攪勻，煮至沸騰，倒入太白粉水勾芡。
05. 將煮好的甜羹盛出，裝入碗中即可。

▶ 營養分析

冬瓜的膳食纖維含量很高，可改善血糖水準，還能降低體內膽固醇，降血脂，防止動脈粥樣硬化。常食冬瓜還能刺激腸道蠕動，有益身體健康。

▶ 冬瓜相宜

蘆筍（降低血脂）、甲魚（潤膚、明目）、海參（防癌抗癌）

▶ 冬瓜相剋

香蕉（刺激腸胃、易引起噁心、嘔吐、腹痛）

蛋黃魚片

增強
免疫力

材料 草魚肉300克、雞蛋3個、蔥花少許。

調料 鹽、味素、太白粉、胡椒粉、雞粉各適量。

作法
01. 將處理好的草魚切片，加鹽、味素拌勻，加入太白粉、食用油，拌勻，醃漬10分鐘。
02. 雞蛋打入碗內，去蛋清，蛋黃加鹽、雞粉，再倒入少許溫水拌勻，撒入胡椒粉，淋入熟油拌勻，將蛋液盛入盤中。
03. 將蛋液放進蒸鍋，以慢火蒸5分鐘。
04. 揭蓋，將魚片鋪在蛋羹上，蒸3分鐘，再取出蒸好的蛋黃魚片。
05. 撒上蔥花，淋上熟油即成。

三鮮燴魚片

開胃
消食

材料 草魚肉150克、金華火腿20克、青花菜200克、水發香菇30克，薑片、蒜末、蔥段各少許。

調料 鹽3克、雞粉4克，太白粉、米酒、香油、食用油各適量。

作法
01. 香菇切塊；金華火腿切片；青花菜切成小朵。
02. 洗好的草魚肉用斜刀切薄片，放入碗中，加入少許鹽、雞粉、太白粉、食用油，醃漬10分鐘。
03. 鍋中倒入適量食用油燒熱，放入薑片、蒜末、蔥段，爆香，下入切好的火腿、香菇、青花菜，拌炒炒勻。
04. 淋入米酒炒勻，加入鹽、雞粉，再注入適量清水。
05. 用大火煮一會至食材斷生，倒入醃漬好的魚肉片，續煮一會，淋入適量太白粉水，炒勻。
06. 淋入適量香油，拌炒均勻即可。

點選「直接觀看,掃碼視頻」影片即可。

軟溜魚片

增強
免疫力

材料 洗淨的草魚 500 克、冬筍片 180 克,胡蘿蔔片、蛋黃、蒜末、薑末各少許,蔥段 30 克。

調料 鹽、雞粉、白糖、蠔油、生粉、醬油、太白粉、食用油各適量。

▶ 營養分析

草魚肉質細嫩,含有豐富的蛋白質和不飽和脂肪酸,還含有硒,孕婦食用可補充母體和胎兒營養。

作法 01. 洗淨的冬筍片切段;草魚肉切成片,裝入碗中,加鹽、雞粉、蛋黃拌勻,醃漬約 10 分鐘,醃漬好的魚片用玉米粉拌勻,靜置一會。

02. 魚片入油鍋炸約 2 分鐘後撈出備用。

03. 鍋底留油,入蒜末、薑末、胡蘿蔔、冬筍片,炒香,加清水燒開,加蠔油、醬油、鹽、雞粉、白糖,調味。

04. 倒入魚片,炒勻,淋入太白粉水勾芡,再倒入蔥段,翻炒均勻,盛入盤中即成。

茄汁魚片

材料 草魚肉200克、番茄汁50克，蛋黃、青椒片、紅椒片、蒜末、蔥白各少許。

調料 鹽、味素、玉米粉、白糖、太白粉各適量。

▶ 草魚相宜
黑木耳（補虛利尿）、醋（營養價值高）、雞蛋（溫補強身）。

▶ 草魚相剋
甘草（引起中毒）、番茄（降低營養價值）。

作法

01. 洗好的草魚肉切片，裝入碗裡，加鹽、味素拌勻，加入蛋黃拌勻，撒上玉米粉裹勻，醃漬至入味。

02. 鍋置旺火，注油燒熱，放入魚片，炸1分鐘至熟撈出魚片。

03. 起油鍋，倒入蒜末、蔥白、青椒、紅椒爆香，加適量清水，倒入番茄汁拌勻煮沸。

04. 加入鹽、白糖調味，加入太白粉水勾芡，倒入魚片炒勻，淋入熟油炒勻即成。

開胃消食

點選「直接觀看」掃碼視頻」影片即可。

豆乾拌小魚乾

清熱解毒

材料 豆乾150克、小魚乾100克、紅椒15克、香菜5克，蒜末、蔥花各少許。

調料 鹽3克，雞粉、醬油、辣椒油、香油、食用油各適量。

▶ 營養分析

小魚乾含葉酸、維生素B_2、維生素B_{12}等營養成分，具有滋補、健胃、利水消腫的功效，對孕期浮腫有食療功效。

作法
01. 豆乾切成條；紅椒切成絲；香菜切段。
02. 鍋中倒入清水燒開，加鹽，放入豆乾，汆燙1分鐘，倒入紅椒絲，再煮片刻後撈出。
03. 油鍋燒至四成熱，入小魚乾炸熟後撈出。
04. 將小魚乾裝入碗中，倒入香乾、紅椒，放入蒜末、蔥花，加入適量鹽、雞粉、醬油。
05. 再淋入少許辣椒油、香油，用筷子拌勻至入味。
06. 將拌好的菜餚裝盤即成。

點選「直接觀看」掃碼視頻」影片即可。

腰果百合炒魚丁

美容養顏

材料 草魚350克、腰果70克、鮮百合50克、紅椒15克。

調料 鹽4克、雞粉2克、味素少許，太白粉、食用油各適量

▶ **草魚相宜**
黑木耳（補虛利尿）、醋（營養價值高）。

▶ **草魚相剋**
甘草（易引起中毒）、番茄（降低營養價值）。

作法

01. 紅椒切小塊；草魚去皮去骨，切丁，裝入碗中，加鹽、味素、太白粉、食用油，醃漬10分鐘。

02. 熱鍋注油，放入腰果，炸約半分鐘至熟，撈出備用。

03. 起油鍋，倒入魚丁，炒至變色，倒入紅椒、百合，炒勻，加少許米酒、鹽、雞粉，炒勻調味。

04. 倒入適量太白粉水勾芡，加入炸好的腰果，快速拌炒均勻即可。

點選「直接觀看，掃碼視頻」影片即可。

豆豉蒸塘鯴魚

開胃
消食

材料 塘鯴魚350克、豆豉20克，生薑30克，蒜末、蔥花各少許。

調料 鹽、雞粉各2克，白糖3克，醬油、米酒、玉米粉、胡椒粉、香油、食用油各適量。

作法 01. 去皮洗淨的生薑切碎，剁成薑末；豆豉切碎；把處理乾淨的塘鯴魚切塊，裝入碗中，加薑末、蒜末、豆豉、鹽、白糖、醬油、米酒，撒上少許胡椒粉，放入適量玉米粉、食用油、香油，醃漬10分鐘。

02. 將拌好的魚塊裝入盤中，放進燒開的蒸鍋中，用大火蒸8分鐘至熟。

03. 將蒸好的魚塊取出。

04. 撒上蔥花，再澆上少許熟油即可。

▶ 營養分析

塘鯴魚含有DHA、鈣、磷、維生素A、維生素D，並含有人體必需的多種胺基酸，具有滋陰開胃、催乳的功效，特別適合孕婦食用。

▶ 塘鯴魚相宜

豆腐（提高營養吸收率）、菠菜（減肥）、茄子（營養豐富）。

清蒸帶魚

材料 帶魚400克，薑絲、蔥絲各少許。

調料 鹽、雞粉各2克，米酒4cc，醬油5cc、食用油適量。

▶ **帶魚相宜**
苦瓜（保護肝臟）、木瓜（補氣養血）。

▶ **帶魚相剋**
菠菜（不利於營養物質的吸收）、南瓜（易對身體不利）。

作法

01. 處理乾淨的帶魚切成塊，裝入盤中，放入適量鹽、雞粉，淋入米酒，放入少許薑絲。

02. 將調好味的帶魚塊放入燒開的蒸鍋中，用大火蒸5分鐘至帶魚熟透。

03. 取出蒸好的帶魚，放上備好的蔥絲，淋入適量醬油。

04. 燒熱炒鍋，倒入適量食用油，燒至八成熱，將熱油澆淋在魚塊上即可。

開胃消食

韭黃炒鱔絲

益氣補血

材料 韭黃100克、鱔魚200克、胡蘿蔔35克、薑片、蔥段各少許。

調料 鹽3克、雞粉3克，蠔油2cc、醬油3cc，米酒7cc，玉米粉、食用油各適量。

▶ 營養分析

鱔魚含豐富的腦黃金和卵磷脂，補益功能很強，有補氣養血、滋補肝腎的功效。常吃黃鱔對胎兒的大腦發育有幫助。

作法 01. 韭黃切段；胡蘿蔔切絲；處理乾淨的鱔魚切絲，裝入碗中，放入鹽、雞粉、醬油、米酒、玉米粉、食用油，醃漬15分鐘至入味。

03. 薑片、胡蘿蔔入油鍋炒香，倒入鱔魚絲炒勻，淋入米酒，炒香，加入韭黃、蔥段，炒至變軟。

04. 加入鹽、雞粉，炒勻調味，再倒入太白粉水，快速拌炒均勻，起鍋盛入盤中即可。

點選「直接觀看」掃碼視頻」影片即可。

茭白煮鮮魚

降壓
降糖

材料 茭白筍100克、草魚肉250克，薑片、蔥花各少許。

調料 鹽、雞粉各3克，太白粉、香油、食用油各適量。

▶ **營養分析**

草魚肉含有優質蛋白質、適量的脂肪、豐富的維生素和礦物質，孕婦常食草魚有利於胎兒發育，特別是腦部神經系統的發育。此外，草魚還含有較多的不飽和脂肪酸，能有效預防妊娠高血壓綜合症的發生。

作法 01. 茭白切成片；洗淨的草魚肉去骨，切成片後裝入碗中，放入鹽、雞粉、太白粉，淋入少許食用油，醃漬10分鐘。

02. 鍋中倒入適量食用油燒熱，下入薑片，爆出香味，倒入切好的茭白，翻炒片刻。

03. 加入適量清水，用大火煮沸，放入適量鹽、雞粉，倒入魚片，拌勻，用大火煮2分鐘至魚片熟透。

04. 放入少許蔥花，淋入香油，攪拌均勻。

05. 關火，將煮好的魚湯盛出即可。

▶ **茭白相宜**

雞蛋（美容養顏）、豬蹄（催乳）、芹菜（降低血壓）、番茄（清熱解毒、利尿降壓）。

▶ **茭白相剋**

豆腐（易形成結石）

點選「直接觀看」掃碼視頻」影片即可。

蝦皮香菇蒸冬瓜

美容
養顏

材料 蝦皮30克、香菇35克、冬瓜600克，薑末、蒜末、蔥花各少許。

調料 鹽、雞粉各2克，玉米粉4克、醬油3cc、米酒4cc、香油2cc、食用油適量。

作法

01. 冬瓜切薄片；香菇切成末；洗淨的蝦皮放入大碗中。

02. 倒入香菇、薑末、蒜末，加鹽、雞粉、醬油、米酒、香油、玉米粉、食用油，拌勻，製成海鮮醬料。

03. 將切好的冬瓜鋪在盤中，再鋪上備好的海鮮醬料。

04. 蒸鍋上火燒開，放進裝有冬瓜片的盤子，用中火蒸約15分鐘至食材熟透。

05. 關火後揭開蓋，取出蒸好的冬瓜。

06. 趁熱撒上少許蔥花，淋上少許熱油即可。

▶ 營養分析

冬瓜富含天冬胺酸、谷胺酸、精胺酸，是人體解除游離胺毒害的不可缺少的胺基酸，有利水消腫的功效。此外，冬瓜所含的蛋白質和瓜胺酸能潤澤皮膚，還能抑制黑色素的形成。

▶ 冬瓜相宜

海帶（降低血壓）、蘑菇（利小便、降血壓）、甲魚（潤膚、明目）、鱤魚（可輔助治療產後氣血虧虛）、馬齒莧（清熱利尿）、菠菜（美容養顏）。

蝦仁豆腐

益氣補血

材料 豆腐250克、蝦仁100克、油菜50克，蔥段、薑片、蒜末各少許。

調料 蠔油、醬油、鹽、味素、雞粉、太白粉、米酒各適量。

作法
01. 將洗淨的蝦仁去腸泥；油菜對半切開；豆腐切塊。
02. 蝦仁加鹽、味素、米酒、太白粉，醃漬片刻；鍋中注水燒熱，倒入蝦仁，汆燙片刻撈出。
03. 鍋中注油，燒至六成熱，放入豆腐塊炸至金黃色，撈出；另起鍋注水燒熱，倒入油菜，汆燙約1分鐘，撈出，裝盤。
04. 炒鍋熱油，加入蒜末、薑片、蔥白炒香，倒入蝦仁，加少許米酒，倒入適量清水，煮開後加入蠔油、醬油、鹽、味素、雞粉，再倒入豆腐塊炒勻，煮片刻，加太白粉水勾芡，倒入蔥葉炒勻，盛於油菜上即成。

蝦皮燜竹筍

增強免疫力

材料 蝦皮35克、竹筍200克，薑片、蒜末、蔥段各少許。

調料 鹽2克、雞粉少許、醬油3cc，太白粉、米酒、食用油各適量。

作法
01. 將去皮洗淨的竹筍切成丁。
02. 鍋中注水燒開，放入適量鹽，倒入竹筍，汆燙2分鐘去除苦澀味，撈出。
03. 鍋中倒入適量食用油燒熱，下入少許薑片、蒜末、蔥段爆香。
04. 放入蝦皮，淋入米酒，炒香，加入適量醬油，炒勻；倒入竹筍，翻炒均勻。
05. 調入適量鹽、雞粉，再倒入適量清清水，略炒，蓋上鍋蓋，用小火燜5分鐘至入味。
06. 揭蓋，用大火收汁，再加入太白粉水，拌炒均勻。
07. 關火，盛出炒好的菜餚即成。

點選「直接觀看」掃碼視頻」影片即可。

魚香蝦球

增強
免疫力

材料 蝦仁150克、彩椒50克，薑片、蔥段各少許。

調料 鹽3克，白糖、雞粉各2克，豆瓣醬、陳醋、米酒、太白粉、食用油各適量。

▶ 營養分析

蝦仁蛋白質含量相當高。它還含有豐富的鉀、碘、鎂及維生素A等成分，具有補腎壯陽、增強免疫力等功效，尤其適宜身體虛弱者、病後需要調養者利孕婦食用。

作法 01. 彩椒切塊；洗好的蝦仁去除腸泥，放在碗中，加鹽、雞粉、太白粉，注入食用油，醃漬10分鐘至入味。

02. 薑片入油鍋爆香，倒入醃好的蝦仁，炒勻，淋入適量米酒，炒勻提味。

03. 放入適量豆瓣醬，炒勻，再倒入切好的彩椒，炒香，加入陳醋、鹽、白糖，炒勻。

04. 撒上少許薑片、蔥段，淋入少許太白粉水，快速拌炒勻，將鍋中炒好的材料盛入盤中即成。

茄汁墨魚花

益氣補血

[材料] 墨魚300克、豬肉150克，蒜蓉、蔥段各少許。

[調料] 鹽、雞粉、番茄醬、白糖、米酒、太白粉、食用油各適量。

▶墨魚相宜
木瓜（補肝腎）、銀耳（防治面生黑斑、腰膝痠痛）。

▶墨魚相剋
茄子（可能引起身體不適）

[作法]

01. 豬肉切片後裝碗，加鹽、雞粉、太白粉、食用油，醃漬10分鐘；洗好的墨魚切塊，裝碗。

02. 墨魚加鹽、雞粉、米酒醃漬，鍋中注水燒開，倒入墨魚，汆燙一下，去異味，撈出，瀝乾水分。

03. 鍋中注油燒熱，下蒜蓉爆香，倒入豬肉片，炒勻，放入墨魚塊，翻炒片刻，注入少許清水。

04. 加番茄醬、白糖，炒勻調味，倒入適量太白粉水，快速翻炒勻，撒上少許蔥段，炒出蔥香即可。

點選「直接觀看，掃碼觀頻」影片即可。

三鮮豆腐湯

開胃消食

材料 豆腐200克、油菜100克、胡蘿蔔60克、香菇30克、水發蝦米30克、蔥花少許。

調料 鹽3克、雞粉2克，胡椒粉、香油、米酒、食用油各適量。

▶ 營養分析

胡蘿蔔含胡蘿蔔素、糖、鈣等營養物質，還含有植物纖維，吸水性強，可加強腸道蠕動，對孕婦有促進消化的作用。

作法 01. 豆腐切方塊；香菇去蒂，切成絲；胡蘿蔔切薄片；油菜對半切開。

02. 鍋中水燒開，放入鹽、豆腐汆燙1分鐘。

03. 起油鍋，入蝦米、香菇炒勻，加米酒、水、胡蘿蔔、豆腐塊、鹽、雞粉，拌炒均勻，用大火煮約2分鐘至沸，放入切好的油菜，拌勻。

04. 撒上胡椒粉，淋入香油，拌勻，略煮片刻，盛出豆腐湯，撒上少許蔥花即成。

點選「直接觀看，掃碼視頻」影片即可。

豆腐煲

材料 豆腐300克、油菜150克，蘆筍、水發香菇各20克，番茄35克，蒜末、蔥花各少許。

調料 鹽5克、雞粉2克、胡椒粉3克，醬油、香油各5cc，太白粉、食用油各適量。

▶ **豆腐相宜**
草菇（健脾補虛、增進食慾）、蛤蜊（潤膚、補血）。

▶ **豆腐相剋**
蜂蜜（易導致腹瀉）、紅糖（不利於人體吸收）。

作法

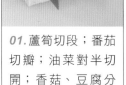
01. 蘆筍切段；番茄切瓣；油菜對半切開；香菇、豆腐分別切塊。

02. 鍋中注水燒開，加鹽、食用油，放入油菜，汆燙至熟後撈出；下入豆腐，去除酸味，撈出。

03. 鍋注油，下蒜末爆香，放番茄、蘆筍、香菇炒勻，加水、醬油、鹽、雞粉，倒入豆腐塊拌勻。

04. 放油菜，加太白粉水、胡椒粉、香油拌勻，轉至砂煲，置旺火上，加蓋煮沸後，撒上蔥花即可。

開胃消食

點選「直接觀看」掃碼視頻」影片即可。

絲瓜牛肉湯

材料 絲瓜120克、牛肉140克，薑絲、蔥花各少許。

調料 鹽、雞粉各3克，米酒4cc，太白粉、胡椒粉、小蘇打、食用油、醬油各適量。

▶ 營養分析

絲瓜含有防止皮膚老化的維生素 B_1、增白皮膚的維生素C等成分，能清熱解毒，保護皮膚，消除斑塊，是不可多得的美容佳品。

作法

01. 去皮洗淨的絲瓜切成小塊；洗好的牛肉切成片，裝入碗中，加鹽、醬油、雞粉、小蘇打、太白粉、食用油，醃漬15分鐘。

02. 起油鍋，入薑絲爆香，倒入絲瓜，炒勻，淋入米酒，翻炒均勻，再倒入適量清水，用大火煮沸。

03. 加鹽、雞粉、胡椒粉，入牛肉片拌勻，煮3分鐘至熟。盛出，撒蔥花即可。

點選「直接觀看」掃碼視頻」影片即可。

家常羅宋湯

開胃
消食

材料 圓白菜150克、番茄80克、洋蔥30克、牛肉50克,胡蘿蔔、馬鈴薯各40克,薑片、蒜末、蔥花各少許。

調料 鹽、胡椒粉各3克,雞粉2克,番茄醬、香油、食用油各適量。

作法

01. 番茄放在碗中,淋少許開水燙一下,去除表皮,切小塊;馬鈴薯、胡蘿蔔均切片;洋蔥切塊;圓白菜切片;牛肉剁成末。

02. 鍋中倒入適量食用油燒熱,放入薑片、蒜末爆香,放入胡蘿蔔片、圓白菜片、洋蔥片、馬鈴薯片,拌炒勻,倒入番茄,翻炒均勻。

03. 注入適量清水,蓋上鍋蓋,大火煮沸後改中火煮約15分鐘,再放入牛肉末拌勻煮沸。

04. 加入適量鹽、雞粉、番茄醬,撒上胡椒粉,拌勻調味,淋入少許香油拌勻。

05. 將鍋中材料盛入湯碗中,撒上蔥花即成。

▶ 營養分析

番茄味微酸適口,還含有蘋果酸和檸檬酸等有機酸,既有保護所含的維生素C不被烹調所破壞的作用,還有增加胃液酸度、幫助消化、調整胃腸功能的作用,能幫助孕婦開胃消食。

▶ 番茄相宜

芹菜(降血壓、健胃消食)、蜂蜜(補血養顏)。

▶ 番茄相剋

南瓜(降低營養價值)、番薯(易引起嘔吐、腹痛、腹瀉)。

點選「直接觀看」掃碼視頻」影片即可。

豬血黃魚粥

提神
健腦

材料 豬血200克、黃魚肉180克、大米150克，薑片、蔥花各少許。

調料 鹽4克、雞粉4克，胡椒粉、米酒、食用油各適量。

作法
01. 將洗淨的豬血切成小塊。
02. 洗淨的黃魚肉切成小塊，放在碗中，撒上少許鹽、雞粉，淋入少許米酒，醃漬15分鐘至入味。
03. 砂鍋中注水燒熱，倒入洗淨的大米拌勻，再淋入食用油，拌勻。
04. 煮沸後用小火煮約30分鐘，攪拌幾下，倒入切好的豬血，拌煮至豬血呈暗紅色。
05. 再放入醃好的魚塊，攪拌均勻，撒上薑片，攪拌幾下，用小火續煮約5分鐘至食材熟透。
06. 加入鹽、雞粉，撒上胡椒粉，拌勻調味，關火後盛出煮好的粥，撒上蔥花即成。

點選「直接觀看」掃碼視頻」影片即可。

香蔥豬血粥

開胃
消食

材料 豬血280克、大米180克，薑絲、蔥花各少許。

調料 鹽、雞粉各2克，胡椒粉少許、食用油各適量。

作法
01. 把洗好的豬血切成小方塊。
02. 砂鍋中注入適量清水，用大火燒開，倒入大米，放入少許食用油，攪拌均勻，用小火煮30分鐘至大米熟軟。
03. 放入準備好的豬血，拌勻。
04. 放入少許薑絲，攪拌均勻，燒開後用大火煮3分鐘。
05. 加入適量鹽、雞粉、胡椒粉，拌勻調味。
06. 撒入少許蔥花，用湯勺攪拌均勻。
07. 將煮好的粥盛出，裝入碗中即可。

點選「直接觀看」掃碼視頻」影片即可。

酸菜蛤蜊湯

清熱
解毒

材料 酸菜150克、蛤蜊400克，薑片、蔥花各少許。

調料 鹽3克、雞粉2克，米酒、香油、胡椒粉、食用油各適量。

作法
01. 將洗淨的酸菜切成丁。
02. 將蛤蜊切開，放入清水中洗淨，備用。
03. 鍋中注入適量清水燒開，加入米酒，下入薑片。
04. 倒入蛤蜊，放入切好的酸菜。
05. 加入食用油、鹽、雞粉，攪拌勻。
06. 燒開後用大火煮3分鐘，撈去湯中浮沫，撒上胡椒粉，淋入香油，攪拌均勻。
07. 盛出，裝入湯碗中，撒上蔥花即可。

▶ 營養分析

蛤蜊含有蛋白質、脂肪和多種礦物質，具有很高的營養價值，有滋陰、潤燥、清熱的作用，能用於五臟陰虛消渴、乾咳、失眠等病症的調理和治療，對孕婦有清熱解毒、安神助眠的作用。

▶ 蛤蜊相宜

綠豆芽（清熱解暑、利水消腫）、韭菜（腎降糖）。

▶ 蛤蜊相剋

荸薺（降低營養價值）、田螺（易引起麻痺性中毒）。

點選「直接觀看」掃碼視頻」影片即可。

黨參雙棗湯

益氣
補血

材料 黨參7克、紅棗15克、青棗100克。

調料 冰糖適量

作法
01. 將洗淨的青棗切開，去除果核，切小塊。
02. 鍋中倒入約500cc的清水燒熱，放入洗淨的紅棗，再下入洗淨的黨參。
03. 蓋上鍋蓋，大火燒開後再用小火續煮15分鐘，至散出藥香味。
04. 放入冰糖，拌勻，續煮約1分鐘至冰糖溶化。
05. 倒入切好的青棗，煮一會至斷生。
06. 關火後，盛出煮好的湯即成。

▶ 營養分析

紅棗含糖、蛋白質，具有益氣補血、健脾和胃的功效。它還含有抗疲勞作用的物質，能增強人的耐力。此外，紅棗所含的黃酮類化合物有鎮靜、降血壓的作用，孕期適量食用可預防妊娠高血壓的發生。

▶ 青棗相宜

紅糖（防治消化道潰瘍）、黑米（暖胃、美容補血）、糯米（輔助治療腹瀉）、蘋果（幫助消化、美容養顏）。

PART 4

懷孕晚期的營養餐
飲食均衡最重要

懷孕晚期是從妊娠28週到分娩的時刻，這一時期胎兒成長最為快速，準媽媽也要多儲備營養，以利於胎兒的健康發育。懷孕晚期飲食，主要是增加蛋白質、維生素、礦物質等營養素，為孩子出生後的體質打下一個好的基礎。

點選「直接觀看,掃
碼視頻」影片即可。

糖醋白菜

開胃
消食

材料 大白菜200克、紅椒20克,蒜
末、蔥段各少許。

調料 鹽2克、白糖5克、陳醋5cc,
太白粉、食用油各適量。

作法 01. 將洗淨的大白菜、紅椒切成小塊。

02. 起油鍋,放入少許蒜末爆香,倒入
大白菜、紅椒,翻炒至熟軟。

03. 加入適量鹽、白糖,再放入陳醋,
翻炒均勻,撒入少許蔥段。

04. 倒入適量太白粉水略微勾芡,快速
拌炒均勻即可。

▶ 營養分析

白菜含有豐富的粗纖維,有潤腸、
促進排毒的作用,還能刺激腸胃蠕
動、幫助消化,特別適合懷孕晚期
的孕婦食用。

點選「直接觀看」掃碼視頻，影片即可。

蝦醬小白菜炒豆腐

開胃
消食

材料 小白菜200克、豆腐300克，薑絲、蒜末各少許。

調料 鹽4克、雞粉2克、醬油3cc、香油2cc，太白粉、蝦醬、食用油各適量

▶豆腐相宜
魚（補鈣）、韭菜（防治便祕）、薑（潤肺止咳）。

▶豆腐相剋
落葵（易破壞營養素）、莧菜（易破壞營養素）。

作法

01. 將豆腐切成小方塊；小白菜切成段。

02. 鍋中注水燒開，加鹽，倒入豆腐汆燙去除酸味後，撈出瀝乾。

03. 起油鍋，下入蒜末、薑絲爆香，倒入小白菜，加入蝦醬，倒入豆腐，加少許醬油炒勻。

04. 淋入少許清水，放入鹽、雞粉炒勻調味，倒入適量太白粉水勾芡，淋入少許香油，拌炒均勻即可。

點選「直接觀看」掃碼視頻」影片即可。

黃豆芽拌海帶

開胃
消食

材料 黃豆芽120克、水發海帶300克、胡蘿蔔50克，蒜末、蔥花各少許

調料 鹽3克、雞粉2克、白糖3克、醬油2cc、陳醋3cc、香油2cc、食用油適量。

▶ **營養分析**

海帶富含碘元素，能改善內分泌，開胃消食，預防乳腺增生。

作法 01. 將洗淨的海帶、胡蘿蔔切成絲。

02. 鍋中注水燒開，放入少許食用油，加3克鹽，放入胡蘿蔔、黃豆芽拌勻，煮半分鐘，下入海帶，煮1分鐘，撈出食材。

03. 加雞粉、白糖、醬油、陳醋，放入少許蒜末、蔥花，淋入少許香油，用筷子攪拌勻即可。

點選「直接觀看」掃碼視頻」影片即可。

彩椒炒蘑菇

促進消化

材料 彩椒120克、蘑菇160克，蒜末、蔥段各少許。

調料 鹽2克、雞粉2克、醬油3cc，米酒、太白粉、食用油各適量。

作法
01. 將洗淨的彩椒、蘑菇切成小塊。
02. 鍋中倒入適量清水燒開，加入少許食用油，放入蘑菇，氽燙半分鐘撈出，備用。
03. 起油鍋，下入蒜末、蔥段爆香。
04. 倒入備好的彩椒、蘑菇，拌炒均勻。
05. 淋入米酒，加入鹽、雞粉、醬油，炒勻調味，倒入適量太白粉水略微勾芡，拌炒均勻。
06. 將炒好的食材盛出裝盤即可。

▶ 營養分析
蘑菇含有大量植物纖維，具有促進消化的作用，它所含的大量植物纖維，還具有防止便祕、促進消化的作用，適合孕婦食用。

▶ 蘑菇相宜
雞肉（補中益氣）、鵪鶉蛋（防治肝炎）。

點選「直接觀看」掃碼視頻」影片即可。

萵筍核桃仁

增強
免疫力

材料 萵筍120克、胡蘿蔔50克、核桃仁30克，薑片、蒜末、蔥白各少許。

調料 鹽4克、雞粉2克，太白粉、食用油各適量。

作法

01. 將去皮洗淨的萵筍、胡蘿蔔切成丁。

02. 鍋中注入適量清水燒開，放入適量鹽，倒入萵筍、胡蘿蔔，汆燙2分鐘，撈出，備用。

03. 熱鍋注油，燒至三成熱，倒入核桃仁，攪拌均勻，炸約半分鐘，撈出，備用。

04. 鍋底留油，下入少許薑片、蒜末、蔥白爆香，倒入萵筍和胡蘿蔔翻炒一會，淋入少許清水，再調入鹽、雞粉快速炒勻調味。

05. 倒入核桃仁，加入適量太白粉水拌炒均勻，盛出炒好的萵筍桃仁即可。

▶ 營養分析

核桃富含蛋白質、鈣、磷、鐵等營養元素，孕婦在孕期每天吃幾個核桃，不僅對自己身體的保養和胎兒的身體發育有很大的好處，而且對胎兒的腦部和視網膜的發育有重要的作用。

▶ 萵筍相宜

木耳（對高血壓、糖尿病等有一定的防治作用）、豬肉（補虛強身、豐肌澤膚）、香菇（利尿通便、降脂降壓）。

▶ 萵筍相剋

蜂蜜（造成脾胃呆滯、對身體不利）

點選「直接觀看,掃碼視頻」影片即可。

雙仁炒芹菜

材料 芹菜100克、核桃仁25克、松子20克、水發枸杞15克,薑片、蒜末、蔥白各少許。

調料 鹽2克、雞粉2克,太白粉、食用油各適量。

▶ 松子相宜
芒果(抗衰老、防癌抗癌)、牛肉(消除疲勞)。

▶ 松子相剋
黃豆(阻礙蛋白質的吸收)、蜂蜜(易導致腹痛、腹瀉)。

作法

01. 將芹菜去葉、洗淨後切成段裝入盤中。

02. 鍋中注油燒熱,倒入松子、核桃仁,炸約半分鐘至發出香味,撈出。

03. 鍋中注油燒熱,下入少許薑片、蒜末、蔥白,爆出香味,倒入芹菜,翻炒至芹菜六成熟。

04. 調入鹽、雞粉,炒勻至芹菜入味,倒入適量太白粉水勾薄芡,放入枸杞、核桃仁、松子,拌炒均勻即可。

美容養顏

點選「直接觀看,掃碼視頻」影片即可。

紅椒芹菜炒香菇

降低血脂

材料 芹菜100克、水發香菇150克、紅椒10克。

調料 雞粉2克、鹽3克、白糖2克,太白粉、食用油各適量。

作法

01. 芹菜切成長約3公分的段;紅椒、香菇切成絲。

02. 鍋中倒入適量清水,用大火燒開,放入少許食用油,再倒入香菇,汆燙約半分鐘,撈出瀝乾水分。

03. 起油鍋,倒入紅椒絲、芹菜,快速翻炒,再倒入汆燙過的香菇絲,翻炒食材至

熟。

04. 轉中火,加入雞粉、鹽、白糖,翻炒食材至入味。

05. 倒入太白粉水略勾薄芡,翻炒均勻後盛出即成。

點選「直接觀看,掃碼視頻」影片即可。

翠綠黃瓜

美容養顏

材料 黃瓜200克、蝦仁80克、彩椒60克、腰果70克,薑片、蒜末、蔥段各少許。

調料 鹽4克、雞粉2克、米酒4cc,太白粉、食用油各適量。

作法

01. 黃瓜切段;彩椒切塊;蝦仁挑去腸泥,加鹽、雞粉、太白粉、食用油,醃漬10分鐘。

02. 鍋中注水燒開,注入食用油,倒入黃瓜、彩椒,汆燙約半分鐘後撈出。

03. 熱鍋注油燒熱,倒入洗淨的

腰果,炸熟,撈出。

04. 另起鍋燒熱,倒入少許食用油,放入蝦仁炒至蝦身彎曲,倒入薑片、蒜末、蔥段炒勻,淋入料酒炒香,再倒入黃瓜、彩椒,炒勻,加鹽、雞粉炒至入味,

05. 加少許太白粉水略微勾芡,倒入炸好的腰果,炒勻即成。

菠菜炒豆乾

益氣補血

材料 菠菜200克、豆乾100克，薑片、蒜末各少許。

調料 鹽4克，雞粉、醬油、太白粉、食用油各適量。

▶ 營養分析

香乾鮮香可口，營養豐富，其所富含的鐵，易於人體吸收，可防止缺鐵性貧血，對嬰幼兒及孕婦尤為重要，常食可促進骨骼發育，對小兒的骨骼生長極為有利。

作法
01. 將洗淨的豆乾切成絲，菠菜去除根部，切成長段。
02. 鍋中注水燒開，加少許鹽，放入豆乾，汆燙片刻，撈出並瀝乾水分。
03. 鍋中倒入適量食用油燒熱，放入薑片、蒜末，用大火爆香，下入菠菜，翻炒片刻至熟軟。
04. 倒入豆乾，加入醬油、鹽、雞粉調味，用中火翻炒至入味，淋入適量太白粉水，快速拌炒均勻。
06. 將炒好的食材盛入盤中即成。

▶ 香乾相宜

韭菜（壯陽）、韭黃（防治心血管疾病）、金針菇（增強免疫力）。

點選「直接觀看」掃碼視頻」影片即可。

茭白五絲

開胃
消食

材料 榨菜120克、豬瘦肉80克、胡蘿蔔15克、茭白筍200克、青椒20克。

調料 鹽、味素、料酒、太白粉、雞粉、白糖、香油、蔥油各適量。

▶ **營養分析**

榨菜脆嫩爽口，營養豐富，具有健脾開胃、提神的功效。

作法

01. 茭白筍、青椒、胡蘿蔔、瘦肉、榨菜均洗淨切絲；瘦肉加鹽、味素、料酒、太白粉拌勻，醃漬約10分鐘至入味。

02. 鍋中注水，倒入榨菜絲煮開，倒入茭白、胡蘿蔔絲，汆燙1分鐘。

03. 另起鍋，注油燒熱，倒入瘦肉絲，炒至肉色變白，入青椒絲、榨菜絲、胡蘿蔔絲和茭白筍絲，炒約1分鐘，加鹽、雞粉、白糖調味，再用太白粉水勾芡，淋入香油、蔥油炒勻即可。

香菇炒藕片

清熱
解毒

材料 蓮藕300克、香菇50克,蒜末、薑片、蔥白各少許。

調料 鹽3克、味素2克,太白粉、食用油、米酒、雞粉各適量。

▶ 蓮藕相宜
大米(健脾、開胃)、生薑(止嘔)、豬肉(滋陰血、健脾胃)。

▶ 蓮藕相剋
菊花(腹瀉)

作法

01. 將洗淨的香菇切絲;洗淨去皮的蓮藕切成片。

02. 鍋中注水燒開,放入藕片,大火煮至熟,撈出瀝乾。

03. 用油起鍋,倒入薑片、蒜末、蔥白爆香,倒入香菇翻炒,加入米酒炒香。

04. 倒入藕片,加入鹽、味素、雞粉炒勻調味,加入少許水拌炒勻,倒入太白粉水,快速拌炒勻即可。

點選「直接觀看，掃碼視頻」影片即可。

冬筍絲炒蕨菜

開胃
消食

材料 冬筍100克、蕨菜150克、紅椒20克，薑絲、蒜末、蔥白各少許。

調料 食用油30cc、鹽3克，雞粉、蠔油、食用油、豆瓣醬、太白粉各適量。

▶ 營養分析

蕨菜所含的粗纖維能促進胃腸蠕動，可清腸排毒，適合便祕的孕產婦食用。

作法 01. 將洗淨的蕨菜切成段；已去皮洗好的冬筍切成絲；洗淨的紅椒切成絲。

02. 鍋中注水燒開，加入鹽，倒入蕨菜、冬筍，汆燙1分鐘後撈出。

03. 鍋注油燒熱，倒入薑片、蒜末、蔥白、紅椒炒香，倒入冬筍、蕨菜炒勻，加入鹽、雞粉，倒入豆瓣醬、蠔油，炒勻至入味。

04. 加入少許太白粉水勾芡，翻炒均勻即可。

點選「直接觀看」掃碼視頻」影片即可。

什錦蛋絲

增強
免疫力

【材料】 雞蛋1個，青椒、紅椒各40克，彩椒45克、胡蘿蔔40克，薑絲、蒜末各少許。

【調料】 鹽4克、雞粉2克，太白粉、食用油各適量。

【作法】

01. 將雞蛋打入碗中，攪散調勻，熱鍋注油，倒入蛋液，煎至兩面成型，裝入盤中，待涼後切絲。

02. 去皮洗淨的胡蘿蔔切絲；洗好的彩椒、紅椒、青椒均切絲。

03. 鍋中注水燒開，放入鹽、食用油，放入胡蘿蔔拌勻，煮1分鐘，倒入彩椒、青椒、紅椒，汆燙30秒後撈出，備用。

04. 起油鍋，入薑絲、蒜末爆香，倒入汆燙過的材料炒勻，放入鹽、雞粉，炒勻調味。

05. 加入蛋絲，翻炒均勻，倒入適量太白粉水，快速拌炒均勻即可。

▶ 營養分析

雞蛋含有多種維生素和胺基酸，能增強身體的代謝功能和免疫功能。此外，雞蛋的鐵含量尤其豐富，利用率高，是人體鐵的良好來源，尤其適合孕婦食用。

▶ 雞蛋相宜

番茄（預防心血管疾病）、紫菜（有利於營養的吸收）、桂圓（安神美容、補益氣血）。

▶ 雞蛋相剋

大蒜（降低營養成分）、番薯（容易造成腹痛）。

豬蹄麵

點選「直接觀看，掃碼視頻」影片即可。

美容
養顏

材料 豬蹄 250 克、麵條 80 克、生菜 50 克、薑片 20 克、月桂葉 3 克、紅麴米 10 克、八角 8 克、蔥花少許。

調料 鹽 5 克、雞粉 4 克、白醋 10cc，白糖 5 克、醬油 3cc、高湯 300cc，米酒、太白粉、食用油各適量。

▶ 營養分析

豬蹄含有大量膠原蛋白和碳水化合物，常食豬蹄可有效防治肌營養障礙。豬蹄富含的膠原蛋白可使皮膚豐滿、潤澤，還能強體增肥，是體質虛弱及身體瘦弱者的食療佳品，孕婦食用能幫助補充營養。

作法 01. 洗淨的豬蹄切塊；鍋中倒水燒開，加白醋、豬蹄、米酒，煮約 2 分鐘，撈出備用。

02. 起油鍋，入薑片、八角爆香，加白糖、豬蹄、米酒、醬油炒勻，加入清水、月桂葉、紅麴米、鹽、雞粉，燒開後燜 40 分鐘，再用太白粉水勾芡，挑去香葉、薑片，盛出豬蹄。

03. 鍋中加水燒開，加入食用油，入生菜煮熟撈出；將麵條放入沸水鍋中，攪拌，加鹽，煮約 3 分鐘至熟，撈出，裝入碗中。

04. 鍋中另加高湯，加鹽、雞粉拌勻煮沸，將湯汁澆入麵條中，放入生菜、豬蹄、蔥花即可。

▶ 豬蹄相宜

花生（養血生精）、章魚（補腎）。

▶ 豬蹄相剋

鴿肉（易引起滯氣）

點選「直接觀看，掃碼視頻」影片即可。

燒馬鈴薯

材料 馬鈴薯300克，青椒、紅椒各20克，蒜末、蔥白各少許。

調料 鹽3克、雞粉3克、白糖3克、醬油3cc，豆瓣醬、食用油、太白粉、香油各適量。

▶ **馬鈴薯相宜**
辣椒（健脾開胃）、醋（醋可清除馬鈴薯中的龍葵素）。

▶ **馬鈴薯相剋**
柿子（易形成胃結石）、石榴（易引起身體不適）。

作法

01. 將洗淨的青椒、紅椒均切成片；去皮洗淨的馬鈴薯切塊；鍋中注水燒開，加鹽，放入馬鈴薯煮至斷生撈出。

02. 起油鍋，倒入蒜末、蔥白爆香，倒入馬鈴薯炒勻。

03. 倒入適量清水，加入蠔油、醬油、鹽、雞粉、白糖，倒入豆瓣醬，炒勻調味，小火燜10分鐘至熟。

04. 倒入青椒、紅椒，炒勻，小火燜3分鐘至馬鈴薯熟爛，加入少許太白粉水勾芡，收汁盛出裝盤即可。

開胃消食

點選「直接觀看,掃碼視頻」影片即可。

小白菜香菇扒肉

美容
養顏

材料 小白菜200克、香菇50克、豬瘦肉125克,胡蘿蔔片、薑片、蒜末、蔥段各少許。

調料 鹽3克、雞粉2克、米酒4cc,醬油2cc,太白粉、食用油各適量。

▶ **營養分析**

香菇含有18種胺基酸和30多種酶,有抑制血液中膽固醇升高的作用。

作法 01. 將洗淨的小白菜切段;洗好的香菇切片。

02. 洗淨的瘦肉切片,加鹽、雞粉、太白粉抓勻,注入少許食用油,醃漬約10分鐘至入味。

03. 起油鍋,倒入小白菜,加鹽、雞粉炒熟,裝盤待用。

04. 另起鍋注油燒熱,倒入胡蘿蔔、薑片、蒜末、蔥段、香菇、肉片炒勻,加清水、米酒、醬油、鹽、雞粉炒勻,盛放在小白菜上即可。

149

蘆筍炒肉絲

開胃
消食

材料 蘆筍200克、豬瘦肉100克，薑絲、蒜末各少許。

調料 鹽3克、雞粉少許、醬油4cc、米酒4cc，太白粉、食用油各適量。

作法
01. 洗好的瘦肉切絲；蘆筍去皮切段。
02. 瘦肉絲裝入碗中，放入少許鹽、雞粉、太白粉拌勻，再倒入適量食用油，醃漬10分鐘至入味。
03. 鍋中注水燒開，加入適量食用油、鹽，倒入蘆筍，汆燙1分鐘。
04. 鍋中倒入適量食用油燒熱，下入薑絲、蒜末，爆出香味，倒入醃漬好的肉絲，炒散。
05. 淋入適量料酒，炒香，倒入蘆筍，拌炒一會，淋入適量醬油，加入適量鹽，炒至食材入味。
06. 關火，將炒好的蘆筍肉絲盛入盤中即可。

▶ 營養分析
女性懷孕後對營養的需求量不斷增加，特別是在懷孕中晚期，必須攝入比平時多1/4的含蛋白質食物，才能滿足需求。豬肉富含蛋白質和鐵質，常吃可滿足其營養需求，還能提高血紅素濃度，改善貧血狀況。

▶ 蘆筍相宜
金針菜（養血止血、除煩）、冬瓜（降壓降脂）、海參（防癌抗癌）。

▶ 蘆筍相剋
羊肉（易導致腹痛）

點選「直接觀看」掃碼視頻」影片即可。

洋蔥肉絲炒豆乾

降壓降糖

材料 洋蔥80克、豆乾120克、豬瘦肉80克。

調料 鹽3克、雞粉3克、醬油4cc，太白粉、食用油各適量。

作法 01. 將洗淨的豆乾切成條；洋蔥切成絲；瘦肉切成絲。

02. 肉絲裝入碗中，加入鹽、雞粉，倒入適量太白粉，拌勻，加入適量食用油，醃漬約10分鐘至入味。

03. 鍋中倒入適量食用油燒熱，下入醃漬好的肉絲，翻炒至肉絲轉色，倒入豆乾，拌炒

片刻，放入洋蔥，快速翻炒均勻。

04. 放入適量鹽、雞粉、醬油，炒勻調味，倒入適量太白粉水，拌炒至食材入味，盛出，裝入盤中即可。

點選「直接觀看」掃碼視頻」影片即可。

豆芽炒肉絲

美容養顏

材料 豬瘦肉200克、黃豆芽150克、紅椒15克，薑片、蒜末、蔥白各少許。

調料 鹽3克，太白粉、小蘇打、味素、米酒、食用油各適量。

作法 01. 紅椒去籽，切絲；洗淨的瘦肉切絲，加料酒、少許小蘇打、鹽、味素、太白粉抓勻，再倒入食用油，醃漬約10分鐘至入味。

02. 鍋中加水燒開，加食用油，倒入黃豆芽汆燙半分鐘撈出；倒入肉絲，汆燙至變色

撈出。

03. 鍋注油燒至四成熱，倒入肉絲滑油片刻。

04. 鍋留底油，入薑片、蒜末、紅椒絲爆香，倒入黃豆芽、肉絲，拌炒約1分鐘，淋入料酒，加鹽、味素、太白粉水拌炒入味，放入蔥白，炒熟即可。

點選「直接觀看」掃碼視頻」影片即可。

青紅椒炒豬皮

美容養顏

材料 青椒50克、紅椒30克、豬皮150克，薑片、蒜末、蔥白各少許。

調料 鹽2克、豆瓣醬10克、醬油2cc、米酒4cc、蠔油3cc、雞粉、太白粉、食用油各適量。

作法
01. 鍋中倒入適量清水燒開，放入洗淨的豬皮，蓋上鍋蓋，小火煮40分鐘至豬皮熟軟，撈出，放涼後，將豬皮切成細條。
02. 將洗淨的青椒、紅椒切成絲。
03. 炒鍋注油燒熱，放入蒜末、薑片、蔥白爆香，放入豬皮，拌炒均勻。
04. 淋入醬油炒勻上色，加入適量豆瓣醬，淋入米酒炒香，放入青椒、紅椒炒均勻。
05. 淋入少許清水，翻炒片刻，加鹽、雞粉、蠔油，炒勻調味，大火收汁，倒入適量太白粉水，炒勻即可。

▶ 營養分析
豬皮含豐富的膠原蛋白、脂肪，膠原蛋白在烹調過程中可轉化成明膠，從而增強細胞的生理代謝，改善身體生理功能和皮膚組織細胞的儲水功能，使細胞得到滋潤，保持溼潤狀態，有美容養顏的作用。

▶ 豬腰相剋
田螺（容易傷腸胃）、鯽魚（會降低鯽魚的利溼功效）、菊花（易對身體不利）、鴿肉（易使人滯氣）。

點選「直接觀看」掃碼視頻」影片即可。

黃豆燜排骨

美容養顏

材料 排骨250克、水發黃豆400克，薑片、蔥白、蒜末各少許。

調料 鹽4克、雞粉2克、白糖3克、豆瓣醬15克、蠔油3cc，醬油5cc，米酒、太白粉、食用油各適量。

作法 01. 將洗淨的排骨切成小塊；鍋中注入適量清水燒開，倒入排骨，煮至沸，撈去浮沫，再煮約2分鐘至斷生，撈出瀝乾水分，待用。

02. 起油鍋，倒入薑片、蔥白、蒜末，爆香，倒入排骨，炒勻，淋入少許料酒，再放入豆瓣醬，淋入蠔油、醬油，炒勻。

03. 注入適量清水，倒入黃豆，加入鹽、雞粉、白糖，拌勻，蓋上鍋蓋，用大火煮沸，轉小火燜約40分鐘至食材熟軟。

04. 用大火收乾湯汁，倒入少許太白粉水炒勻，盛入盤中即成。

▶ 營養分析

排骨的蛋白質、維生素含量較多，還含有大量磷酸鈣、骨膠原、骨黏蛋白等，可為幼兒和老人、孕產婦提供鈣質。用排骨做湯，其補充鈣質的作用會更好一些。

▶ 黃豆相宜

香菜（健脾寬中、袪風解毒）、白菜（預防乳腺癌）、花生（豐胸補乳）、紅棗（補血）。

▶ 黃豆相剋

核桃（易導致腹脹、消化不良）

點選「直接觀看」掃碼視頻」影片即可。

金針溜豬腰

材料 水發金針130克、豬腰160克，薑片、蒜末各少許。

調料 鹽3克、雞粉3克、米酒5cc，醬油、陳醋、太白粉、食用油各適量。

▶ **豬腰相宜**
豆芽（滋腎潤燥）、竹筍（補腎利尿）。

▶ **豬腰相剋**
茶樹菇（影響營養吸收）

作法

01. 將洗淨的金針切去花蒂；豬腰切成片，裝碗，加鹽、雞粉、米酒抓勻，醃漬約10分鐘至入味。

02. 鍋中注水燒開，倒入豬腰，氽燙後撈出，用油起鍋，下入薑片、蒜末，爆香。

03. 倒入豬腰，翻炒均勻，淋入米酒、醬油，拌炒均勻，放入金針，炒勻，注入少許清水。

04. 放入鹽、雞粉、陳醋，翻炒均勻，倒入適量太白粉水，快速炒勻，將鍋中食材盛出裝盤即可。

益氣補血

點選「直接觀看」掃碼視頻」影片即可。

蘑菇牛肉絲

增強
免疫力

材料 蘑菇60克、牛肉100克、洋蔥60克，薑片、蒜末、蔥白各少許。

調料 鹽3克、雞粉3克、醬油5cc、米酒5cc，小蘇打、太白粉、食用油各適量

作法
01. 將洗淨的牛肉切成絲；洋蔥切成絲；蘑菇切成片。
02. 牛肉絲加鹽、雞粉、醬油、小蘇打，倒入適量太白粉抓勻，注入適量食用油，醃漬約10分鐘至入味。
03. 起油鍋，下入薑片、蒜末、蔥白爆香，倒入牛肉絲，翻炒均勻。
04. 淋入米酒，放入蘑菇、洋蔥，翻炒均勻，倒入適量清水，拌炒均勻，加入醬油、鹽、雞粉，炒勻調味。
05. 倒入適量太白粉水，拌炒均勻後裝盤即可。

點選「直接觀看」掃碼視頻」影片即可。

白菜炒牛肉

益氣
補血

材料 大白菜300克、牛肉170克、紅椒35克，薑片、蒜末、蔥段各少許。

調料 鹽3克、雞粉3克、醬油4cc、香油2克、太白粉3cc，嫩肉粉少許、食用油、太白粉各適量。

作法
01. 洗淨的大白菜切塊，紅椒切成小塊；牛肉切片，加鹽、雞粉、醬油、嫩肉粉、倒入適量太白粉，注入少許食用油，抓勻，醃漬約15分鐘至入味。
02. 鍋中注水燒開，倒入少許食用油，放入大白菜，汆燙半分鐘至斷生，撈出。
03. 起油鍋，入紅椒、薑片、蒜末、蔥段爆香，放入大白菜、牛肉片，翻炒至牛肉片轉色，加鹽、雞粉、醬油，炒勻調味，淋入少許香油，炒勻即可。

點選「直接觀看」掃碼視頻」影片即可。

腰果蝦仁胡蘿蔔

開胃消食

材料 胡蘿蔔100克、蝦仁60克、青豆50克、腰果60克，薑片、蒜末、蔥段各少許。

調料 鹽5克、雞粉3克，米酒、太白粉、食用油各適量。

作法

01. 將去皮洗淨的胡蘿蔔切丁；蝦仁由背部切開，去除腸泥，加鹽、雞粉、太白粉抓勻，注入食用油，醃漬入味。

02. 鍋中注水燒開，放入鹽，倒入胡蘿蔔、青豆，汆燙1分鐘至斷生；再倒入腰果，汆燙半分鐘至斷生。

03. 熱鍋注油燒熱，入腰果，滑油1分鐘撈出。

04. 鍋底留油，入薑片、蒜末、蔥段爆香，倒入蝦仁炒勻，淋入米酒，放入胡蘿蔔和青豆，拌炒均勻，加入鹽、雞粉，炒勻調味。

05. 倒入太白粉水勾芡，放入腰果炒勻即可。

▶ 營養分析

腰果含有脂肪、蛋白質、澱粉、糖、礦物質、維生素等成分，有軟化血管的作用，對保護血管、防治心血管疾病大有益處。此外，腰果還含有豐富的油脂，可以潤腸，潤膚美容。

▶ 腰果相宜

蓮子（補潤五臟、安神）、茯苓、芡實、薏米、糯米（補潤五臟、安神）。

▶ 腰果相剋

雞蛋（易導致腹痛、腹瀉）

點選「直接觀看，掃碼視頻」影片即可。

青辣椒牛柳

增強
免疫力

材料 牛肉250克、青辣椒50克，蒜末、薑片各適量。

調料 蠔油3克、白糖2克，鹽、味素、太白粉、玉米粉、米酒、食用油各適量。

▶ 營養分析

牛肉的胺基酸組成很接近人體需要，孕產婦、兒童以及術後、病後需要調養的人特別適宜食用。

作法 01. 將洗淨的牛肉切成牛柳；青辣椒切成細絲；牛柳放入碗中，倒入少許米酒，加入適量的鹽、味素、玉米粉抓勻，醃漬片刻。

02. 油鍋燒至三四成熱，放入牛柳滑至轉色，再倒入杭椒，滑油片刻，撈出備用。

03. 鍋底留油，放入薑片、蒜末爆香，倒入牛柳和杭椒炒勻，加鹽、味素、白糖、蠔油，炒勻調味，倒入少許太白粉水炒勻即可。

點選「直接觀看,掃碼視頻」影片即可。

番薯炒牛肉

防癌抗癌

材料 牛肉200克、番薯100克、青椒20克、紅椒20克,薑片、蒜末、蔥白各少許。

調料 鹽4克,小蘇打、雞粉、味素各適量,醬油3cc、米酒4cc、太白粉10cc、食用油適量。

作法

01. 去皮洗淨的番薯切片;紅椒、青椒均切塊;洗好的牛肉切片,加小蘇打、醬油、鹽、味素、太白粉抓勻,加少許食用油,醃漬至入味。

02. 鍋中注水燒開,加鹽,倒入番薯、青椒、紅椒,加食用油煮沸,汆燙約半分鐘撈出;再倒入牛肉,汆約半分鐘至變色,撈出。

03. 用油起鍋,倒入薑片、蒜末、蔥白爆香,倒入牛肉炒勻,淋入米酒,繼續翻炒。

04. 再倒入番薯、青椒、紅椒,翻炒均勻,加入適量醬油、鹽、雞粉,炒勻調味。

05. 加入太白粉水勾芡,翻炒至材料熟透即可。

▶ 營養分析

番薯含有膳食纖維、胡蘿蔔素和多種維生素,以及10多種微量元素,是營養均衡的保健食品。番薯屬鹼性食品,常吃番薯有利於維持人體的酸鹼平衡,還能降低血膽固醇、防癌抗癌,以及預防心腦血管疾病。

▶ 牛肉相宜

馬鈴薯(保護胃黏膜)、洋蔥(補脾健胃)、芋頭(改善食慾不振、防止便祕)、白蘿蔔(補五臟、益氣血)。

▶ 牛肉相剋

白酒(易導致上火)、鯰魚(易引起中毒)、紅糖(易引起腹脹)。

點選「直接觀看」掃碼視頻」影片即可。

藕片牛腩湯

開胃
消食

材料 蓮藕300克、牛腩200克、紅棗10克，薑片、蔥花各少許。

調料 鹽2克、雞粉2克、米酒8cc。

▶ 營養分析

蓮藕含有蛋白質、粗纖維、糖、鈣、磷、鐵、維生素C及氧化酶等成分，具有消瘀清熱、開胃消食、益血補心的功效。

作法 01. 鍋中倒水，放入洗淨的牛腩，加料酒，大火燒開後，轉中火煮5分鐘至斷生，撈出鍋中浮沫，再將牛腩撈出，放涼後切成小塊。

02. 將去皮洗淨的蓮藕切片。

03. 砂鍋中注水燒開，倒入牛腩、薑片、米酒、洗淨的紅棗，蓋上蓋，小火燉30分鐘，再放入藕片，燒開後用小火燉20分鐘，加鹽、雞粉調味，撒上蔥花即可。

牛腩燉白蘿蔔

材料 熟牛腩350克、白蘿蔔200克，薑片、枸杞各少許。

調料 鹽、雞粉各2克，胡椒粉少許。

▶白蘿蔔相宜
紫菜（清肺熱、防治咳嗽）、牛肉（補五臟、益氣血）。

▶白蘿蔔相剋
黃瓜（破壞維生素C）、人參（功效相悖）。

作法

01. 將去皮洗淨的白蘿蔔切成大塊；熟牛腩切成小塊。

02. 砂煲中倒入適量清水，放入薑片、牛腩，煮沸後用小火煮約60分鐘至食材熟軟。

03. 倒入白蘿蔔塊、枸杞，煮沸後用中火再煮約15分鐘至蘿蔔熟透，加入鹽、雞粉調味。

04. 再放入胡椒粉，用湯勺拌勻，調味，盛出燉好的牛腩即成。

開胃
消食

點選「直接觀看，掃碼視頻」影片即可。

南瓜牛柳條

開胃消食

材料 南瓜500克、牛肉200克、紅椒15克，薑片、蒜末、蔥段各少許。

調料 小蘇打、鹽、味素、白糖、醬油、料酒、蠔油、太白粉、食用油各適量。

作法

01. 洗淨的南瓜、紅椒、牛肉均切條。

02. 牛肉加小蘇打、鹽、味素、白糖、醬油、太白粉拌勻，淋入食用油，醃漬至入味。

03. 鍋中倒入水燒熱，加少許鹽，倒入南瓜，煮至斷生撈出，放入牛肉，汆燙至轉色，撈出。

04. 熱鍋注入適量食用油，燒至五成熱，倒入牛肉，滑油片刻後撈出。

05. 鍋底留油，入薑片、蒜末、蔥段、紅椒爆香，倒入南瓜、牛肉，加蠔油、醬油、鹽、味素、白糖調味，淋入少許料酒，炒勻。

06. 倒入太白粉水，翻炒至入味即可。

▶ 營養分析

南瓜含有豐富的維生素A、維生素B群、維生素C、磷、鉀、鈣、鎂、鋅以及人體必需的8種胺基酸，能調整糖代謝，益氣補血，增強身體免疫力，還能防止動脈硬化。

▶ 南瓜相宜

牛肉（補脾健胃）、蓮子（降低血壓）、綠豆（清熱解毒、生津止渴）、豬肉（預防糖尿病）。

▶ 南瓜相剋

菠菜（降低營養價值）、帶魚（不利於營養物質的吸收）。

點選「直接觀看」掃碼視頻」影片即可。

蒜薹炒雞丁

材料 蒜薹120克、雞胸肉250克、紅椒20克。

調料 鹽3克,味素、太白粉、食用油各適量。

▶ 雞胸肉相宜
枸杞(補五臟、益氣血)、檸檬(增強食慾)。

▶ 雞胸肉相剋
李子(易引起痢疾)、芥菜(影響身體健康)。

作法

01. 將洗淨的蒜薹切段;紅椒去蒂去籽,切菱形片;雞胸肉切成丁。

02. 雞丁加鹽、味素、太白粉,抓勻,加少許食用油,醃漬至入味。鍋中注水燒開,倒入雞丁,汆燙片刻撈出。

03. 炒鍋注油燒熱,倒入雞丁炸好後撈出,鍋底留油,倒入紅椒爆香,倒入蒜薹,加入適量鹽。

04. 倒入雞丁,翻炒至熟,用太白粉水勾芡,拌炒至熟,盛出裝盤即可。

益氣補血

腰果雞丁

美容養顏

材料 腰果20克、雞胸肉300克，青椒、紅椒各20克，蒜苗15克，薑片、蒜末、蔥白各少許。

調料 鹽4克、雞粉2克、味素2克，米酒、太白粉、食用油各適量。

作法
01. 蒜苗切段；洗好的青椒、紅椒切成小塊。
02. 洗好的雞胸肉切丁，加鹽、雞粉、太白粉拌勻，倒入食用油，醃漬10分鐘。
03. 熱鍋注油，燒至三成熱，入腰果，小火炸1～2分鐘撈出；待油燒至四成熱，入雞丁，滑油至轉色撈出。
04. 鍋底留油，倒入薑片、蒜末、蔥白，加入蒜苗、青椒、紅椒炒香，倒入雞丁，淋入米酒，加鹽、味素炒勻調味，加太白粉水炒勻，盛出，再放上腰果即可。

銀芽雞絲

清熱解毒

材料 綠豆芽100克、雞胸肉80克，薑絲、胡蘿蔔絲、蔥段各少許。

調料 鹽3克，雞粉、蔥薑酒汁、白糖、太白粉、食用油各適量。

作法
01. 雞胸肉切成絲，裝入盤中，加蔥薑酒汁，再加入鹽、太白粉拌勻，醃漬片刻。
02. 熱鍋注油，燒至五成熱，倒入雞肉絲，滑油至熟後撈出裝盤。
03. 鍋底留油，倒入洗淨的綠豆芽翻炒勻，加鹽、雞粉、白糖炒勻調味。
04. 倒入薑絲、胡蘿蔔絲炒勻，倒入雞肉絲，加入太白粉水，拌炒勻。
05. 撒上蔥段炒勻，加少許熟油炒勻，盛出裝盤即可。

點選「直接觀看」掃碼視頻」影片即可。

雞胸肉炒胡蘿蔔絲

增強
免疫力

材料 雞胸肉300克、胡蘿蔔100克、青椒20克，蒜末、蔥段各少許。

調料 鹽、雞粉、味素、米酒、太白粉、食用油各適量。

作法
01. 去皮洗淨的胡蘿蔔切絲；青椒切絲；雞胸肉切絲，放入碗中，加鹽、味素、料酒拌勻，淋入太白粉水，攪至上漿，再倒入少許食用油，醃漬約10分鐘至入味。
02. 鍋中倒入適量清水燒熱，加少許鹽拌勻，倒入胡蘿蔔，汆燙1分鐘。
03. 起油鍋，倒入蒜末、蔥段爆香，倒入肉絲，翻炒至變色，淋入少許料酒炒勻。
04. 再放入汆燙過的胡蘿蔔，轉小火，倒入青椒，加鹽、雞粉調味，來回翻炒至入味。
05. 關火後盛入盤中即成。

▶ **營養分析**
胡蘿蔔含較多的胡蘿蔔素、糖、鈣等營養物質，對人體具有多方面的保健功能，有「小人參」的美譽。胡蘿蔔所提供的維生素A，具有促進身體正常代謝、維持上皮組織、防止呼吸道感染等功能。

▶ **胡蘿蔔相宜**
香菜（開胃消食）、綠豆芽（排毒瘦身）、菠菜（預防中風）。

▶ **胡蘿蔔相剋**
橘子（降低營養價值）、山楂（破壞維生素C）、白蘿蔔（降低營養價值）、酒（損害肝臟）。

點選「直接觀看,掃碼視頻」影片即可。

青花菜炒雞片

降低血脂

材料 青花菜200克、雞胸肉100克、胡蘿蔔50克,薑片、蒜末、蔥白各少許。

調料 鹽5克、雞粉4克、米酒5cc,太白粉、食用油各適量。

▶ 營養分析

青花菜對降低血脂、阻止膽固醇氧化有一定的輔助療效,可以預防孕婦妊娠期高血壓、高血脂。

作法 01. 洗淨的青花菜切小朵;胡蘿蔔切片。

02. 雞胸肉切片,加鹽、雞粉、太白粉抓勻,再注入少許食用油,醃漬10分鐘至入味。

03. 鍋中注水燒開,加食用油和鹽,入胡蘿蔔,汆燙至斷生撈出,再倒入青花菜,汆燙1分鐘撈出。

04. 起油鍋,入胡蘿蔔片、薑片、蒜末、蔥白、肉片炒勻,加米酒、清水、鹽、雞粉翻炒,倒入太白粉水勾芡,與青花菜一起裝盤即可。

點選「直接觀看,掃碼視頻」影片即可。

西芹炒雞柳

降壓
降糖

材料 西芹150克、雞胸肉100克、胡蘿蔔60克,薑片、蒜末、蔥白各少許。

調料 鹽4克、雞粉3克、米酒7cc,太白粉、食用油各適量。

作法

01. 洗淨的西芹切段;胡蘿蔔切片;雞胸肉切片,裝入碗中,加鹽、雞粉、太白粉,抓勻,注入食用油,醃漬10分鐘。

02. 鍋中注水燒開,放入少許食用油,倒入西芹、胡蘿蔔,汆燙約半分鐘至斷生,撈出。

03. 起油鍋,放入肉片,翻炒至變色,倒入薑片、蒜末、蔥白,炒勻炒香,淋上少許米酒,炒勻提味。

04. 倒入汆燙好的食材,翻炒勻,加入適量鹽、雞粉,炒至入味。

05. 淋入少許太白粉水,翻炒食材至熟透即可。

▶ 營養分析

西芹含有芳香油及多種維生素、多種游離胺基酸等物質,有促進食慾、降低血壓、健腦、清腸利便、解毒消腫、促進血液循環等功效。

▶ 西芹相宜

牛肉(增強免疫力)、羊肉(強身健體)、核桃(美容養顏、抗衰老)、紅棗(補血養顏)。

▶ 西芹相剋

蜆(易引起腹瀉)、生蠔(降低鋅的吸收率)、螃蟹(易引起腹瀉)。

點選「直接觀看，掃碼視頻」影片即可。

海帶黃豆燜雞翅

開胃
消食

PART 4

懷孕晚期的營養餐，飲食均衡最重要

材料 水發海帶180克、雞翅200克、水發黃豆80克，薑片、蒜末、蔥段各少許。

調料 鹽2克、雞粉2克，醬油、蠔油、米酒、太白粉、香油、食用油各適量。

▶ **營養分析**

海帶含有豐富的鈣、鎂、鉀、磷、鐵、鋅、硒、硫胺素、核黃素等營養成分，有開胃、助消化的作用。

作法

01. 洗淨的海帶切小塊；雞翅切小塊；鍋中注水燒開，入雞翅，汆燙半分鐘，撈出。

02. 用油起鍋，入薑片、蒜末爆香，倒入雞翅，加醬油炒勻，淋入米酒，放入黃豆炒勻，倒入清水，放入海帶，加鹽、雞粉炒勻，用小火燜10分鐘，淋入少許蠔油上色。

03. 大火收汁，倒入太白粉水勾芡，淋入少許香油，放入蔥段，拌炒均勻即可。

1
6
7

茄汁燜雞翅

材料 雞翅300克、番茄汁20克，薑片、蒜末、蔥條各少許。

調料 鹽3克、味素1克、白糖3克，米酒、醬油、食用油各適量。

▶ 雞翅相宜

枸杞（補五臟、益氣血）、綠豆芽（降低心血管疾病發病率）、人參（止渴生津）、檸檬（增強食慾）。

作法

01.將雞翅洗淨切成二塊，裝入碗中，加入薑片、蔥條、米酒、醬油、鹽、味素、白糖，醃漬10分鐘。

02.熱鍋注油，燒至六成熱，放入雞翅，炸至熟透撈出瀝乾。

03.鍋底留油，倒入番茄汁拌勻，倒入雞翅炒勻。

04.加少許白糖拌炒至入味、收汁，盛出裝盤即可。

益氣補血

點選「直接觀看,掃碼視頻」影片即可。

西芹鴨丁

益氣
補血

材料 鴨腿180克、西芹80克、彩椒40克,薑片、蒜末、蔥白各少許。

調料 鹽3克、雞粉3克,醬油、米酒、太白粉、食用油各適量。

作法
01. 洗淨的鴨腿剔除骨頭,將肉切成丁;洗好的彩椒、西芹均切成丁。
02. 將鴨肉丁裝入碗中,加少許鹽、雞粉、醬油、太白粉,抓勻,注入少許食用油,醃漬15分鐘至入味。
03. 起油鍋,下入薑片、蒜末、蔥白,爆香,倒入鴨肉丁,翻炒至轉色,淋入適量米酒,炒香。
04. 倒入西芹、彩椒炒勻,加入適量鹽、雞粉,炒勻調味,淋入少許清水,翻炒片刻。
05. 倒入適量太白粉水,拌炒勻即可。

點選「直接觀看,掃碼視頻」影片即可。

小炒仔鵝

增強
免疫力

材料 鵝胸肉350克、香芹段50克,蒜苗段、朝天椒圈各少許。

調料 鹽5克、味素2克,醬油、米酒各10cc,食用油35cc。

作法
01. 將洗淨的鵝胸肉切成肉丁,放碗中,淋入少許料酒,加入鹽、味素、醬油,抓勻,醃漬約10分鐘。
02. 鍋置火上,倒入少許食用油燒熱,放入肉丁爆香,淋入米酒,炒勻。
03. 倒入朝天椒圈、蒜苗段,炒出香辣味。
04. 加入鹽、味素調味,再倒入香芹段,淋上醬油,翻炒至熟。
05. 用太白粉水勾芡,炒勻入味。
06. 盛入盤中即成。

點選「直接觀看」,掃碼視頻」影片即可。

松香鴨粒

保肝
護腎

材料 鴨肉150克、豌豆200克、紅椒15克、松子10克,薑片、蒜末、蔥白各少許。

調料 鹽3克、雞粉2克,醬油3cc、太白粉,米酒,食用油各適量。

▶ 營養分析

中醫認為,鴨子吃的食物多為水中生物,故其肉性味甘、寒,有滋補、養胃、補腎、保肝、消水腫、止熱痢、止咳化痰等作用,體內有熱者適宜食鴨肉,體質虛弱、食慾不振者食之更為有益。

作法 01. 洗淨的紅椒切丁;鴨肉切粒,裝碗,加鹽、雞粉、醬油、米酒拌勻,倒入太白粉水,拌勻上漿,再注入食用油,醃漬10分鐘。

02. 鍋中倒入水燒開,放入食用油、洗淨的豌豆,汆燙約1分鐘撈出;熱鍋注油,燒至三成熱,放入松子,炸約半分鐘撈出。

03. 鍋留底油,放入肉粒,拌炒至轉色,放入紅椒、薑片、蒜末、蔥白炒香,淋入米酒炒勻,倒入豌豆翻炒,再加鹽、雞粉調味。

04. 倒入少許太白粉水,翻炒食材至熟透。

05. 出鍋盛入盤中,撒上松子即可。

▶ 胡蘿蔔相宜

地黃(提供豐富的營養)、金銀花(滋潤肌膚)。

▶ 胡蘿蔔相剋

檸檬(易破壞蛋白質的吸收)。

清蒸鯉魚

美容養顏

材料 鯉魚400克、薑絲10克、薑片10克,紅椒絲、蔥絲各少許。

調料 鹽3克,蒸魚豉油、食用油各適量。

▶ **營養分析**

中醫認為,鯉魚富含蛋白質,能提供人體必須的胺基酸、維生素,有益氣健脾、增強免疫力、降低膽固醇、開胃消食之功效,非常適合食慾低下的孕婦食用。

作法

01. 宰殺處理乾淨的鯉魚裝入盤中,放上薑片,均勻地撒上適量鹽,放入燒開的蒸鍋,大火蒸8分鐘至鯉魚熟,取出。

02. 挑去鯉魚身上的薑片,將蔥絲、紅椒絲和薑絲撒在魚身上。

03. 鍋中加少許食用油,燒熱,澆在蔥絲、紅椒絲、薑絲上,激出香味。

04. 最後,由盤底澆入蒸魚豉油即可。

家常鯉魚

美容養顏

材料 洗淨鯉魚1條、乾辣椒5克，薑片、蔥段、蒜末各少許。

調料 鹽、味素、米酒、玉米粉、豆瓣醬、雞粉、辣椒醬、醬油、太白粉、食用油各適量。

作法 01.鯉魚放入盤中，用鹽、味素、米酒拌勻，再撒上玉米粉抹勻，醃漬約10分鐘至入味。

02.熱鍋注油，燒至五成熱，放入鯉魚，炸約2分鐘至熟透，撈出。

03.鍋底留油，倒入薑片、蔥白、蒜末爆香，放入幹辣椒，淋入少許米酒，燒出香辣味。

04.注入適量清水，放入豆瓣醬、鹽、雞粉、辣椒醬、醬油調味，拌勻煮至沸。

05.放入炸好的鯉魚，煮至入味，盛入盤中。

06.鍋中留汁水燒熱，倒入太白粉水拌勻，製成味汁，澆淋在魚身上，撒上蔥葉即成。

▶ 營養分析

辣椒具有很高的營養價值。它除含有豐富的蛋白質、碳水化合物、鈣、磷、鐵外，還含有極為豐富的維生素C，位居蔬菜類食物之首，適當吃些辣椒不僅能增加食慾，還能美容養顏。

▶ 鯉魚相宜

醋（除溼）、香菇（營養豐富）、花生（利於營養的吸收）、白菜（防治水腫）、冬瓜（增強免疫力）。

▶ 鯉魚相剋

青豆（破壞維生素B_1）、雞肉（妨礙營養吸收）。

點選「直接觀看」掃碼視頻」影片即可。

豆豉小蔥蒸鯽魚

開胃消食

材料 鯽魚500克、蔥10克、豆豉5克、薑片少許。

調料 鹽3克、雞粉1克、蠔油2克、白糖1克，玉米粉、食用油各適量。

▶ 營養分析

鯽魚富含脂肪、碳水化合物、維生素A、維生素E等營養物質，具有健脾開胃、益氣、利水、通乳的功效。

作法 01. 將宰殺處理乾淨的鯽魚切成兩段，裝入盤中，撒上適量鹽；洗淨的蔥切成蔥花。

02. 將豆豉和薑片放入碗中，加蠔油、雞粉、白糖、食用油拌勻，再加入少許玉米粉拌勻，將拌好的豆豉和薑片鋪在鯽魚上。

03. 將鯽魚放入煮沸的鍋中，以大火蒸15分鐘。

04. 魚蒸熟，加入蔥花，再蒸1分鐘即可。

鰻魚小白菜

材料 小白菜300克、鰻魚45克、大蒜片少許。

調料 鹽2克，豉油、食用油各適量。

▶ **小白菜相宜**
豬肉（增強體質）

▶ **小白菜相剋**
黃瓜（妨礙維生素C的吸收）

作法

01. 鍋中注入適量食用油，燒熱，放入大蒜片，爆香。

02. 倒入少許豉油，放入洗好的小白菜，拌炒均勻。

03. 加少許清水，拌炒至熟，倒入豆豉鯪魚，拌炒片刻。

04. 加入適量鹽，炒勻調味，將鍋中材料裝入盤中即可。

防癌抗癌

點選「直接觀看」掃碼觀賞」影片即可。

糖醋鯉魚

清熱
解毒

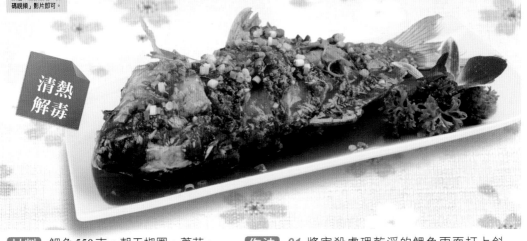

材料 鯉魚550克，朝天椒圈、蔥花、蒜末、薑末各少許。

調料 鹽3克、白糖15克，番茄汁、味素、醬油、陳醋、玉米粉、太白粉、食用油各適量。

作法

01. 將宰殺處理乾淨的鯉魚兩面打上斜花刀，裝入盤中，加鹽、味素抹勻，醃漬入味。

02. 取適量番茄汁，倒入陳醋，加少許清水、鹽、白糖、醬油，攪拌均勻，製成味汁。

03. 將醃漬好的鯉魚抹勻玉米粉。

04. 鍋中倒入食用油，大火燒至七成熱，入鯉魚，小火浸炸至熟，且魚身呈金黃色撈出。

05. 炒鍋注油，放入朝天椒、薑末、蒜末煸香，倒入調好的味汁，煮沸。

06. 加入少許太白粉水，攪勻製成芡汁，澆在鯉魚上，撒上蔥花即成。

▶ 營養分析

中醫認為大蒜辛辣、性溫、能解滯氣、清熱解毒、暖脾胃、消症積，治積滯、腹冷痛、泄瀉、痢疾、百日咳等症，孕婦適當食用不僅可以開胃，還能增強免疫力。

▶ 鯉魚相宜

冬瓜（增強免疫力）、花生（利於營養的吸收）、天麻（輔助治療疼痛）、黃瓜（補氣養血）。

▶ 鯉魚相剋

紫蘇（妨礙藥效發揮）、鹹菜（可引起消化道癌腫）、甘草（易對身體不利）。

松子魚

材料 草魚1000克、雞蛋1個、松子8克、紅椒10克，薑片、蒜末、蔥花各少許。

調料 鹽3克、味素2克、白糖20克、玉米粉20克，白醋、番茄汁、太白粉、食用油各適量。

▶草魚相宜

油條（益眼明日）、冬瓜（祛風、清熱、平肝）。

▶草魚相剋

甘草（易引起中毒）、鹹菜（易生成有毒物質）。

作法

01.將草魚洗淨切下魚頭，切下兩片魚身，去掉魚骨，魚肉片內側打上花刀裝盤，加鹽、味素抓勻。

02.將雞蛋黃抹在魚肉上，撒上玉米粉抓勻；魚頭裝碗，加鹽、玉米粉抓勻，取出裝盤。

03.紅椒洗淨切粒，熱鍋注油燒熱，入松子炸香後盛出，入魚肉片炸好撈出裝盤，將魚頭炸熟撈出擺盤。

04.起油鍋，入蒜末、紅椒粒，加清水和番茄汁、白醋、白糖調成稠汁澆在魚身上，加上蔥花、松子即可。

開胃消食

蒜蓉蒸扇貝

益氣
補血

材料 扇貝400克、蒜蓉50克、蔥花少許。

調料 醬油5cc、鹽3克、雞粉、玉米粉各2克,香油、食用油各適量。

▶ 營養分析

蒜含大蒜油、大蒜素、多糖、脂類及多種酶等。中醫認為,蒜性溫,味辛,孕婦食用具有健胃、殺菌、散寒的功效。

作法

01. 洗淨的扇貝敲開,去除內臟,留下殼內的肉;將殼修剪好形狀;在肉上打上花刀。

02. 起油鍋,倒入一半的蒜蓉炸至金黃色撈出,放在裝有另一半蒜蓉的碗中,再淋入熱油,加醬油、鹽、雞粉、香油、玉米粉拌勻,製成味汁,倒在扇貝肉上。

03. 蒸鍋上火煮沸,放入扇貝,大火蒸約3分鐘取出,撒上蔥花,澆上少許熱油即成。

爆炒鱔魚

益氣
補血

材料 鱔魚500克、蒜苗30克、青椒20克、紅椒30克、乾辣椒5克,薑片、蒜末、蔥白各少許。

調料 鹽3克、豆瓣醬10克、辣椒醬10克、雞粉2克,玉米粉、太白粉、米酒、醬油、蠔油、食用油各適量。

作法
01. 洗淨的青椒、紅椒切片;蒜苗切段,裝盤備用。
02. 將處理乾淨的鱔魚切段,裝入碗中,加鹽、料酒、生粉拌勻,醃漬10分鐘至入味。
03. 鍋中加水燒開,倒入鱔魚汆去血水,撈出。
04. 起油鍋,倒入薑片、蒜末、蔥白、乾辣椒爆香,倒入蒜苗、青椒、紅椒,拌炒勻。
05. 倒入鱔魚,淋入少許的米酒,炒香,加適量鹽、雞粉、豆瓣醬、辣椒醬,翻炒勻。
06. 加醬油、蠔油炒勻,再加太白粉水炒勻即可。

▶ 營養分析
鱔魚含有大量的蛋白質、脂肪及多種維生素,適宜身體虛弱、氣血不足、營養不良的孕婦食用。鱔魚還含有碳水化合物、銅、磷等營養元素,對孕婦有很好的補益功效。

▶ 鱔魚相宜
藕(可以保持體內酸鹼平衡)、青椒(降低血糖)、韭菜(口感好、增強免疫力)、蘋果(輔助治療腹瀉)。

▶ 鱔魚相剋
菠菜(易導致腹瀉)、葡萄(影響鈣的吸收)。

點選「直接觀看」掃碼視頻」影片即可。

黃豆燉鱔魚

益氣
補血

材料 鱔魚400克、水發黃豆80克，薑片、蔥花各少許。

調料 鹽4克、雞粉4克、米酒6cc、胡椒粉少許。

作法
01. 將處理乾淨的鱔魚切成小塊，裝入碗中，加入少許米酒、鹽、雞粉抓勻，醃漬15分鐘至入味。
02. 砂鍋中注入適量清水燒開，放入泡發洗好的黃豆，用小火煮20分鐘。
03. 放入薑片、鱔魚塊，拌勻。

04. 加入適量米酒，用小火煮15分鐘至食材熟透。
05. 揭蓋，放入適量鹽、雞粉、胡椒粉，拌勻調味。
06. 將煮好的鱔魚、黃豆盛出裝碗，撒上蔥花即可。

點選「直接觀看」掃碼視頻」影片即可。

山藥鱔魚湯

益氣
補血

材料 洗淨鱔魚300克、山藥200克，薑片、枸杞、蔥花各少許。

調料 鹽3克、雞粉2克，胡椒粉、米酒、食用油各適量。

作法
01. 去皮洗淨的山藥切片；鱔魚骨切小塊；鱔魚肉打上花刀，再切成片。
02. 鍋中倒水燒開，淋入少許料酒，再放入鱔魚肉、鱔魚骨，汆去血漬，撈出待用。
03. 起油鍋，入薑片爆香，放入鱔魚肉和鱔魚骨炒勻，淋入少許米酒，注入適量清水，

放入山藥片，拌勻。
04. 再撒上洗淨的枸杞，蓋上鍋蓋，煮沸後用中火煲煮約5分鐘至食材熟透。
05. 揭蓋，掠去浮沫，加鹽、雞粉、胡椒粉調味即可。

點選「直接觀看，掃碼視頻」影片即可。

XO醬爆黑魚片

補心
健脾

材料 黑魚 1000 克、XO 醬 10 克，芹菜段、蔥段、薑片、蒜末、紅椒絲各少許。

調料 白糖 3 克、米酒 5cc，鹽、味素、太白粉、食用油各適量。

▶ 營養分析

黑魚肉質細嫩，刺少，營養豐富，含有蛋白質、脂肪、胺基酸、鈣、磷、鐵及多種維生素，具有補心養陰、健脾利水的功效，是身體虛弱者、孕產婦、兒童以及營養不良之人的良好滋補品。

作法 01. 將處理好的黑魚去魚骨，剔去魚皮，再將魚肉用斜刀切成片。

02. 魚片放入碗中，加入少許鹽、味素、太白粉，抓勻，倒入少許食用油，醃漬片刻。

03. 鍋置火上，倒入適量食用油，燒至四成熱，倒入魚片，滑油片刻至斷生，撈出。

04. 炒鍋注油燒熱，倒入 XO 醬、蔥段、薑片、蒜末、紅椒絲，拌炒均勻。

05. 倒入黑魚片、芹菜段，加少許味素、鹽、白糖調味，淋上少許米酒，翻炒至入味。

06. 倒入太白粉水勾芡，翻炒材料至熟即可。

▶ 黑魚相宜

豆腐（提高營養吸收率）、菠菜（減肥）。

點選「直接觀看」掃碼視頻」影片即可。

紅燒章魚

益氣補血

材料 章魚300克、紅椒20克，薑片、蒜末、蔥白各少許。

調料 米酒、蠔油、醬油、鹽、玉米粉、雞粉各適量。

▶ 營養分析
章魚含有豐富的蛋白質、脂肪、礦物質等營養元素，具有益氣補血的功效。

作法 01. 洗淨的紅椒切塊；章魚剝去外皮，切塊，加鹽、味素、米酒拌勻，醃漬10分鐘。

02. 鍋中注水燒開，倒入章魚汆燙至肉身捲起，撈出，淋入醬油抓勻，撒上生粉，裹勻。

03. 熱鍋注油燒至四成熱，入章魚滑油撈出。

04. 鍋底留油，倒入紅椒、薑片、蒜末、蔥白爆香，倒入章魚，淋入米酒炒勻，注入清水，加蠔油、醬油、鹽、雞粉炒入味即可。

點選「直接觀看」掃碼視頻」影片即可。

金針菇炒墨魚

提神健腦

材料 墨魚300克、金針菇200克，紅椒絲、薑片、蒜末、蔥白各少許。

調料 鹽4克、雞粉2克，味素、米酒、太白粉、食用油各適量。

作法

01. 洗淨的金針菇切去根部；墨魚剝去外皮，切成絲，盛入碗中，加入少許鹽、味素、米酒，拌勻，醃漬10分鐘。

02. 鍋中加水燒開，入墨魚絲，氽燙片刻撈出。

03. 起油鍋，倒入紅椒絲、薑片、蒜末、蔥白爆香，倒入氽燙過的墨魚，炒勻，淋入少許米酒提鮮。

04. 倒入金針菇，翻炒約1分鐘至熟軟。

05. 轉小火，加鹽、雞粉，炒勻調味。

06. 加少許太白粉水勾芡，翻炒均勻即可。

▶ 營養分析

金針菇中鋅含量很豐富，能有效地增強機體的生物活性，促進人體新陳代謝，有利於食物中各種營養素的吸收和利用。此外，金針菇中還含有的鐵等礦物質元素，有助於抑制孕婦血脂升高。

▶ 墨魚相宜

黃瓜（清熱利尿、健脾益氣）、銀耳（防治臉生黑斑、腰膝痠痛）。

▶ 墨魚相剋

茄子（可能引起身體不適）。

銀魚炒蘿蔔絲

開胃消食

材料 銀魚乾20克、白蘿蔔300克,胡蘿蔔65克,薑絲、蒜末、蔥段各少許。

調料 鹽2克、雞粉2克、米酒4cc、醬油2cc,太白粉、食用油各適量。

作法 *01.* 將去皮洗淨的白蘿蔔、胡蘿蔔切絲。

02. 起油鍋,下入薑絲、蒜末,爆香,放入銀魚乾,淋入米酒,翻炒出香味。

03. 倒入白蘿蔔、胡蘿蔔,炒至熟軟,淋入少許清水。

04. 放入鹽、雞粉、醬油,炒勻調味,倒入適量太白粉水勾芡。

05. 放入少許蔥段,炒勻。

06. 將炒好的菜盛出裝盤即可。

萵筍魷魚絲

益氣補血

材料 萵筍150克、紅椒15克、魷魚250克,薑片、蒜末、蔥段各少許。

調料 鹽5克、雞粉2克、米酒5cc,太白粉、食用油各適量。

作法 *01.* 將去皮洗淨的萵筍、紅椒切成絲;將洗淨的魷魚鬚切成段;魷魚身切成絲。

02. 鍋中加水燒開,加食用油、鹽,放入萵筍絲,汆燙約半分鐘至熟軟,撈出;放入魷魚絲,攪拌,汆燙約半分鐘,撈出備用。

03. 熱鍋注油燒熱,放入薑片、蒜末、蔥白、紅椒爆香,放入魷魚絲,拌炒均勻,淋入適量米酒,翻炒香。

04. 放入萵筍絲,炒勻,加適量鹽、雞粉,炒勻調味。

05. 倒入適量太白粉水勾芡,迅速將食材炒勻即可。

點選「直接觀看」掃碼視頻」影片即可。

彩椒炒小河蝦乾

增強
免疫力

材料 彩椒 200 克、小河蝦乾 200 克，薑片、蒜末、蔥白各少許。

調料 鹽 4 克，米酒、醬油各 5cc，味素、食用油各適量。

作法
01. 將洗淨的彩椒切成塊。
02. 鍋中加清水燒開，倒入少許食用油，放入彩椒，汆燙約 1 分鐘，撈出。
03. 鍋中注油，燒至三成熱，倒入小河蝦乾，放入彩椒塊，用大火快速翻炒出香味，淋入少許米酒，炒匀。
04. 倒入薑片、蒜末、蔥白，炒匀，放入彩椒塊，淋入少許醬油，炒匀上色。
05. 放入汆燙過的彩椒，炒匀至食材熟透。
06. 轉小火，加入鹽、味素，炒匀至入味，盛出裝盤即可。

▶ 營養分析

河蝦含有豐富的鉀、鈣、鈉、鎂、磷、硒、維生素 A 等營養元素，同時還含有高品質的膽固醇。河蝦肉中豐富的磷則有促進骨骼生長、增強人體新陳代謝的功能，孕婦食用對胎寶寶也有一定好處。

▶ 彩椒相宜

鱔魚（開胃）、苦瓜（美容養顏）、空心菜（降低血壓、消炎止痛）、肉類（促進消化、吸收）、紫甘藍（促進腸胃蠕動）。

▶ 彩椒相剋

羊肝（對身體不利）

點選「直接觀看，掃碼視頻」影片即可。

洋蔥爆炒蝦

開胃消食

材料 洋蔥90克、淡水蝦200克，薑片、蒜末各少許。

調料 鹽2克、雞粉2克，醬油、米酒、太白粉、食用油各適量。

▶ **營養分析**

洋蔥含有糖、蛋白質及維生素等營養成分，能較好地調節神經、增強記憶力，還有刺激食欲、幫助消化、促進吸收等功能。

作法

01. 將去皮洗淨的洋蔥切成小塊；淡水蝦去除頭鬚、蝦腳和腸泥。

02. 用油起鍋，下入薑片、蒜末，爆香，倒入淡水蝦，翻炒至變色，再放入洋蔥，炒勻。

03. 加入少許醬油，再加鹽、雞粉、米酒，炒勻調味。

04. 倒入適量太白粉水，快速拌炒均勻即可。

點選「直接觀看」掃碼視頻」影片即可。

豌豆炒魚丁

美容養顏

材料 草魚肉100克、豌豆100克、紅椒15克、蒜苗30克、薑片、蒜末、蔥白各少許。

調料 鹽5克、雞粉2克，太白粉、米酒、食用油各適量。

作法
01. 將洗淨的蒜苗切段；紅椒切圈。
02. 將洗淨的魚肉切丁，加鹽、雞粉、太白粉抓勻，再淋入適量食用油，醃漬10分鐘。
03. 鍋中注水燒開，加食用油，放入豌豆，加鹽，汆燙約3分鐘至熟。
04. 鍋中倒入適量食用油，放入魚肉丁，炒勻，淋少許入米酒，拌炒香。
05. 放入薑片、蒜末、蔥白炒香，放入蒜苗、紅椒、豌豆炒勻，加少許清水，拌炒均勻。
06. 加入適量鹽、雞粉，炒勻調味，加適量太白粉水勾芡，快速炒勻即可。

▶ 營養分析

豌豆不僅蛋白質含量豐富，而且富含人體所必需的8種胺基酸。它含有豐富的維生素C，不僅能抗壞血病，提高免疫機能，還具有美容養顏的功效，孕婦可以多食。

▶ 豌豆相宜

蝦仁（提高營養價值）、蘑菇（改善食慾不佳）、麵粉（提高營養價值）、紅糖（健脾、通乳、利水）。

▶ 豌豆相剋

蕨菜（降低營養價值）、菠菜（影響鈣的吸收）。

點選「直接觀看,掃碼視頻」影片即可。

蘆筍炒蝦仁

防癌抗癌

材料 蘆筍250克、蝦仁50克、紅椒15克,薑片、蒜末、蔥白各少許。

調料 鹽3克、雞粉3克,太白粉、米酒、食用油各適量。

作法

01. 去皮洗淨的蘆筍切段;紅椒切成小塊;洗好的蝦仁剔除腸泥,裝入碗中,加鹽、雞粉、太白粉抓勻,醃漬10分鐘。

02. 鍋中倒水燒開,加入少許食用油、鹽,倒入蘆筍、紅椒,汆燙約1分鐘撈出,再倒入蝦仁,汆燙至變色,撈出,裝入碗中。

03. 起油鍋,倒入薑片、蒜末、蔥白爆香。

04. 倒入蘆筍、紅椒,翻炒均勻,再倒入蝦仁,淋入米酒,加入適量鹽、雞粉,炒勻。

05. 加少許太白粉水勾芡,翻炒均勻,盛出裝盤即可。

▶ 營養分析

蘆筍含有大量的蛋白質、碳水化合物、多種維生素和微量元素,能清熱利小便,可以促使細胞生長正常化,具有防止癌細胞擴散的作用。孕婦在夏季食用蘆筍還有清涼降火、消暑止渴的作用。

▶ 蘆筍相宜

金針菜(養血止血、除煩)、冬瓜、百合(降壓降脂)、海參(防癌抗癌)、白果(輔助治療心腦血管疾病)。

▶ 蘆筍相剋

羊肉(易導致腹痛)、羊肝(降低營養價值)。

點選「直接觀看」掃碼視頻」影片即可。

青花菜炒蝦仁

材料 青花菜200克、紅椒15克、蝦仁70克，薑片、蒜末、蔥白各少許。

調料 鹽3克，味素、雞粉、白糖、太白粉、米酒、食用油各適量。

▶ 青花菜相宜
胡蘿蔔（預防消化系統疾病）、番茄（防癌抗癌）、枸杞（對營養物質的吸收有利）。

▶ 青花菜相剋
牛奶（影響鈣的吸收）

作法

01. 青花菜切小朵；紅椒切片；蝦仁挑去腸泥，加鹽、味素、太白粉、食用油，醃漬10分鐘。

02. 鍋中注水燒開，加食用油、鹽，倒入青花菜汆燙至八成熟後撈出；將蝦仁倒入熱水鍋中，汆燙1分鐘後撈出。

03. 起油鍋，倒入薑片、蒜末、蔥白、紅椒爆香，倒入青花菜、蝦仁，淋入少許米酒。

04. 加鹽、雞粉、白糖炒勻，倒入少許太白粉水炒勻，盛出擺盤即可。

防癌抗癌

點選「直接觀看」掃碼視頻」影片即可。

金針豬心湯

清熱
解毒

材料 水發金針120克、豬心150克，薑片、蔥花各少許。

調料 鹽2克、雞粉3克，米酒、太白粉、麻油、胡椒粉、食用油各適量。

▶ 營養分析

金針菜有清熱、利溼、消食、安神等功效，可作為病人或孕婦的調補品。

作法
01. 洗淨的金針切去花蒂。豬心切片，裝入碗中，加少許鹽、雞粉、料酒、太白粉，抓勻，注入少許食用油，醃漬10分鐘。
02. 起油鍋，入薑片爆香，放入金針炒勻，倒入適量清水煮沸，再放入豬心煮沸。
03. 加入適量鹽、雞粉、胡椒粉、麻油拌勻調味，盛出，撒上蔥花即可。

點選「直接觀看」,掃碼視頻」影片即可。

蝦仁蘿蔔絲湯

材料 蝦仁50克、白蘿蔔200克,紅椒絲、薑絲、蔥花各少許。

調料 鹽3克、雞粉3克,米酒、胡椒粉、太白粉、食用油各適量。

▶ 蝦仁相宜
韭菜花(防治夜盲、乾眼、便祕)、白菜(增強身體免疫力)。

▶ 蝦仁相剋
西瓜(降低免疫力)、紅棗(可能引起身體不適)。

作法

01. 將白蘿蔔洗淨切成絲;蝦仁去除腸泥,加雞粉、鹽、太白粉,拌勻,注入適量食用油,醃漬10分鐘。

02. 起油鍋,下入薑絲,爆香,倒入蝦仁,翻炒至變色,淋入少許米酒,炒香。

03. 倒入蘿蔔絲,翻炒均勻,注入適量清水,加鹽、雞粉,燒開後用中火煮5分鐘,放入紅椒絲和蔥花。

04. 撒上少許胡椒粉,用湯勺攪拌均勻,將煮好的湯盛出裝碗即可。

增強免疫力

番薯小米粥

防癌
抗癌

材料 番薯150克、小米100克。

調料 白糖35克、太白粉適量。

作法
01. 將去皮洗淨的紅薯切成丁，盛入盤中待用。
02. 鍋中倒入約800cc清水，用大火燒熱。
03. 倒入淘洗好的小米。
04. 放入番薯丁。
05. 蓋上鍋蓋，用大火煮沸後轉小火續煮約30分鐘至食材熟軟。
06. 揭蓋，加入白糖，拌勻，續
07. 淋入少許太白粉水，拌勻。

煮約2分鐘至白糖溶化。
08. 關火後盛出煮好的粥即成。

陳皮芝麻糊

開胃
消食

材料 糯米粉20克、陳皮2克、芝麻糊粉8克。

調料 白糖40克

作法
01. 鍋中倒入約900cc清水。
02. 放入備好的陳皮。
03. 蓋上鍋蓋，燒開後轉小火煮約15分鐘。
04. 揭蓋，放入芝麻糊粉。
05. 再加入適量白糖，輕輕攪拌至白糖溶化。
06. 將加水調好的糯米粉倒入鍋中，攪拌均勻。
07. 用小火煮約1分鐘至鍋內湯汁成糊狀。
08. 將煮好的芝麻糊盛出即可。

點選「直接觀看,掃碼視頻」影片即可。

皮蛋瘦肉粥

益氣補血

材料 豬瘦肉30克、大米150克、皮蛋1個,薑末、蔥花各少許。

調料 鹽6克、雞粉4克。

作法

01. 洗淨的瘦肉剁成肉末;皮蛋切丁。

02. 將淘洗過的大米盛入內鍋中,加入適量清水,蓋上陶瓷蓋。

03. 取隔水燉盅,加入適量清水,放入盛有大米的內鍋,蓋上盅蓋,燉煮2.5小時。

04. 肉末加少許鹽、雞粉,加少許清水拌勻,用筷子將它撥散,白粥燉好,揭開盅蓋,加入肉末、皮蛋、薑末拌勻。

05. 蓋上盅蓋,再燉20分鐘,瘦肉粥燉好,加入鹽、雞粉拌勻調味,撒上蔥花拌勻。

▶ 營養分析

豬瘦肉含蛋白質、脂肪、碳水化合物、維生素以及磷、鈣、鐵等營養物質,有滋陰潤燥、補血養血的功效。瘦肉還可提供人體所需的脂肪酸,常食之可以輔助治療缺鐵性貧血。

▶ 豬肉相宜

芋頭(可滋陰潤燥、養胃益氣)、白蘿蔔(消食、除脹、通便)、黑木耳(降低心血管病發病率)。

▶ 豬肉相剋

茶(易引發噁心、嘔吐、腹痛)

點選「直接觀看」掃碼視頻」影片即可。

蔥香雞蓉玉米粥

開胃消食

材料 雞肉50克、鮮玉米粒150克、蔥花少許。

調料 鹽3克、雞粉2克，胡椒粉、太白粉、芝麻油、食用油各適量。

作法
01. 將洗淨的鮮玉米粒切碎。
02. 洗好的雞肉切碎，剁成肉蓉，裝入碗中，加少許清水，攪拌均勻，靜置待用。
03. 鍋中注入適量清水燒開，加適量食用油，倒入準備好的玉米碎。
04. 加入適量鹽、雞粉，放入雞蓉，拌勻。
05. 撒入少許胡椒粉，拌勻，用大火煮沸。
06. 倒入適量太白粉水勾芡，加入香油拌勻。
07. 將煮好的粥盛出，裝入碗中，再放入蔥花即可。

▶ 營養分析

玉米含有蛋白質、糖類、鈣、磷、鐵、硒、胡蘿蔔素、維生素E等，有開胃益智、調理中氣等功效。此外，玉米還含有大量鎂，可加強腸壁蠕動，促進身體廢物的排泄，尤其適宜便祕的孕婦食用。

▶ 玉米相宜

松子（益壽養顏、防癌抗癌）、大豆（營養更均衡）、花椰菜（健脾益胃、助消化）、鴿肉（預防神經衰弱）。

▶ 玉米相剋

田螺（易引起中毒）

193

PART5

產後月子餐
恢復身體是關鍵

經歷十月懷胎和一朝分娩，產婦的身體發生了變化。分娩本身就像一場重體力勞動，消耗了產婦的體力。因此吃得好，吃得對，既能讓自己奶量充足，又能恢復元氣且營養均衡不發胖，這才是產婦希望達到的月子「食」效。本章精選菜例，針對產婦身體需要特別安排，讓產婦安然度過月子期。

點選「直接觀看，掃碼視頻」影片即可。

麻油菠菜

益氣
補血

材料 菠菜400克、薑絲30克。

調料 鹽、雞粉各2克，黑芝麻油2cc，米酒、食用油各適量。

▶ **營養分析**

菠菜是很好的補血食物，其含鐵量相當豐富，對產婦出現的貧血有輔助治療作用。

作法 01. 起油鍋，下入薑絲，用大火爆香。

02. 再倒入已經洗好的菠菜，翻炒幾下，使其變軟。

03. 在鍋中加入少許鹽，淋入米酒，調入雞粉，翻炒至食材熟軟。

04. 倒入少許黑芝麻油炒透、炒香，續煮片刻至入味。

05. 關火後，盛出炒好的菠菜即成。

195

點選「直接觀看」掃碼視頻」影片即可。

麻油什錦菜

益氣補血

材料 秀珍菇95克、大白菜120克、水發木耳55克、胡蘿蔔70克、彩椒50克，薑片、蒜末、蔥段各少許。

調料 鹽2克、雞粉2克、米酒5cc，太白粉、黑芝麻油各適量。

▶ 秀珍菇相宜
豆腐（有利於營養吸收）、韭黃（提高免疫力）、青豆（強健身體）、蘑菇（防癌抗癌）。

▶ 秀珍菇相剋
鵪鶉（易引發痔瘡）

作法

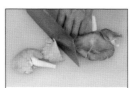

*01.*洗淨去皮的胡蘿蔔切成薄片；大白菜切小塊；秀珍菇、彩椒、木耳切成小塊。

*02.*鍋中注水燒開，放入胡蘿蔔片、木耳，加入鹽攪拌勻，汆燙半分鐘，再倒入秀珍菇、彩椒續煮半分鐘至食材斷生後撈出待用。

*03.*燒熱炒鍋，注入少許黑芝麻油燒熱，下入薑片、蒜末、蔥段爆香，放入大白菜，翻炒幾下，淋入少許米酒，炒至菜梗變軟。

*04.*放入汆燙過的食材翻炒勻，轉小火，加入鹽、雞粉炒片刻至全部食材熟透，淋入少許太白粉水勾芡，關火後盛出即成。

點選「直接觀看」掃碼視頻」影片即可。

麻油豬肝

益氣
補血

材料 豬肝200克，老薑片、蔥花各少許。

調料 鹽3克、雞粉2克，黑芝麻油、太白粉、米酒、食用油各適量。

▶ **營養分析**

豬肝中鐵的含量是豬肉的18倍，人體的吸收利用率也很高，是天然的補血佳品，用於預防貧血、頭昏有較好的效果。

作法 01. 把洗淨的豬肝切成片放入碗中，加入少許鹽、雞粉，淋入少許米酒拌勻，倒入太白粉水拌勻，再注入適量食用油，醃漬約10分鐘。

02. 用油起鍋，下入老薑片爆香，放入豬肝翻炒幾下，使其肉質鬆散，放入少許米酒。

03. 再加入鹽、雞粉，炒勻調味，淋入黑芝麻油，炒透、炒香。

04. 關火後盛出，最後撒上蔥花即成。

點選「直接觀看」掃碼視頻」影片即可。

麻油腰花

材料 豬腰220克、彩椒70克，薑片、蒜末、蔥段各少許。

調料 鹽3克、雞粉3克、黑芝麻油2cc、米酒9cc，太白粉、食用油各適量。

▶ 豬腰相宜
豆芽（滋腎潤燥）、竹筍（補腎利尿）。

▶ 豬腰相剋
茶樹菇（影響營養吸收）

作法

01. 將洗淨的彩椒切成小塊；洗好的豬腰對半切開，切去筋膜，打上花刀，改切成片。

02. 將腰花裝入碗中，加鹽、雞粉、米酒抓勻，醃漬10分鐘至入味；鍋中注水燒開，倒入腰花，汆去血水後撈出，備用。

03. 起油鍋，下入薑片、蒜末、蔥段，爆香，放入切好的彩椒塊，倒入腰花拌炒均勻，淋入米酒。

04. 加入適量鹽、雞粉，炒勻調味，淋入少許黑芝麻油翻炒均勻，倒入適量太白水快速拌炒均勻，將鍋中材料盛出裝盤即可。

益氣補血

點選「直接觀看，掃碼視頻」影片即可。

薑紅茶

開胃
消食

材料 老薑片40克、紅棗8克、枸杞5克。

▶ 營養分析

老薑所含的薑辣素能促進消化液分泌，促進腸胃蠕動，增進食慾。此外，它還含有薑酮和薑烯酮的混合物，對呼吸和血管運動中樞有興奮作用，能促進血液循環。

作法
01. 砂鍋中注入適量清水，用大火燒開。
02. 下入備好的老薑片，放入洗淨的紅棗、枸杞，蓋上鍋蓋，用大火煮沸，轉小火續煮約15分鐘。
03. 打開蓋子再攪拌片刻，直至鍋中食材全部熟軟。
04. 關火，將鍋中食材攪拌片刻至均勻。
05. 盛出煮好的薑紅茶即可。

點選「直接觀看」掃碼視頻」影片即可。

益母草紅棗木耳湯

養心
潤肺

材料 益母草10克、紅棗12克、水發木耳40克。

作法

01. 將洗淨的木耳切成小塊，待用。
02. 在砂鍋中注入約700cc清水，用大火將水燒開。
03. 放入切好的木耳。
04. 下入洗淨的紅棗、益母草，蓋上鍋蓋，用大火煮沸。
05. 煮沸後，轉小火，續煮約30分鐘，至食材完全熟軟。
06. 關火後取下蓋子，盛出煮好的湯料，裝在湯碗中即成。

▶ 營養分析

木耳含有豐富的植物膠原成分，具有較強的吸附作用，以及清理肺部的作用。此外，木耳還富含維生素K、鈣等成分，能抑制血小板凝結，減少血液凝塊。

▶ 木耳相宜

萵筍（降低血壓、血脂、血糖）、豇豆（預防高血壓、高血脂、糖尿病）、黃瓜（減肥）。

▶ 木耳相剋

咖啡（不利於鐵的吸收）

點選「直接觀看，掃碼視頻」影片即可。

四物燉雞

益氣
補血

材料 雞腿250克，當歸、白芍、熟地黃各10克，川芎8克。

調料 鹽、雞粉、米酒各適量。

▶ 營養分析

雞腿肉含有硫胺素、核黃素、尼克酸、維生素等成分，其肉質細嫩，滋味鮮美，產婦常食有滋補養身、補血潤膚的作用。

作法 01. 洗淨的雞腿切成小塊，倒入沸水鍋中，汆燙約1分鐘後掠去浮沫，撈出待用。

02. 砂鍋中注水燒開，倒入雞塊和洗淨的藥材，淋入米酒，蓋上鍋蓋，燒開後用小火煮約40分鐘至雞肉熟透。

03. 取下鍋蓋，加入適量鹽、雞粉，拌煮片刻至入味。

04. 關火後，盛出煮好的湯料放入湯碗中即成。

點選「直接觀看」掃碼視頻」影片即可。

麻油雞塊

益氣補血

【材料】雞腿 350 克、老薑片 50 克。

【調料】鹽 3 克、雞粉 2 克、玉米粉 8 克、米酒 7cc，太白粉、醬油、黑芝麻油、食用油各適量。

【作法】01.將洗淨的雞腿切成小塊放在碗中，放入鹽、醬油、雞粉拌勻至入味，撒上玉米粉拌勻，注入適量食用油，醃漬約 15 分鐘。

02. 燒熱炒鍋，倒入黑芝麻油，下入老薑片爆香，放入醃漬好的雞塊，翻炒幾下。

03. 待雞肉變色時淋入米酒，翻炒至斷生，放入少許醬油炒勻提鮮，注入少量清水。

04. 煮沸後蓋上鍋蓋，轉小火燜煮約 20 分鐘至雞肉熟透。

05. 取下鍋蓋，用大火翻炒至湯汁收濃，倒入少許太白粉水勾芡。

06. 關火後盛出燜煮好的雞塊即成。

▶ 營養分析

雞腿肉是一種高蛋白的食物，它還富含鈣、磷、鐵、鉀等營養物質，有溫中益氣、補虛損的功效。產婦常喝雞湯，有提高免疫力、促進新陳代謝、維護身體健康的作用。

▶ 雞腿肉相宜

枸杞（補五臟、益氣血）、人參（止渴生津）、檸檬（增強食慾）、綠豆芽（降低心血管疾病發病率）。

▶ 雞腿肉相剋

菊花（易引起痢疾）

點選「直接觀看」掃碼視頻」影片即可。

桂圓紅棗雞湯

益氣
補血

材料 土雞肉400克、桂圓20克、紅棗30克、冰糖35克。

調料 鹽2克、米酒各適量

▶ 營養分析

土雞肉質鮮美，營養極為豐富，其含有豐富的蛋白質、微量元素等營養物質，並且脂肪含量比較低，對於產婦具有重要的保健價值。

作法 01. 將洗淨的土雞肉切成小塊，待用。

02. 鍋中注水燒開，倒入雞塊，再淋入少許米酒，汆燙約1分鐘，汆去血漬瀝乾，備用。

03. 砂鍋中注水燒開，放入桂圓、紅棗、雞塊，加入冰糖、米酒，蓋上鍋蓋，煮沸後用小火續煮約40分鐘至食材熟透。

04. 取下鍋蓋，調入少許鹽拌勻，續煮至食材入味，關火後盛出煮好的雞湯即成。

點選「直接觀看」,掃碼視頻」影片即可。

榴槤煲雞湯

增強
免疫力

材料 榴槤肉100克、榴槤瓤200克、雞肉350克、薑片少許。

調料 鹽2克、雞粉2克、米酒5cc。

▶榴槤相宜
雞湯(滋補身體)、雞肉(祛胃寒、補血益氣、滋潤養陰)。

▶榴槤相剋
酒(溼熱加重、易引起上火症狀)

作法

01. 將榴槤瓤切成小塊,榴槤肉切成小塊;將洗淨的雞肉切成小塊。

02. 砂鍋中注入適量清水燒開,放入備好的雞塊,加入少許薑片,淋入適量米酒,拌勻煮沸。

03. 倒入榴槤瓤攪拌均勻,蓋上鍋蓋,用小火煲30分鐘至食材熟透後揭蓋,撇去湯中浮沫,放入榴槤肉,拌勻。

04. 蓋上鍋蓋,用小火煲10分鐘至食材熟爛後揭蓋,放入適量鹽、雞粉拌勻調味,將湯料盛出,裝入碗中即成。

點選「直接觀看，掃碼視頻」影片即可。

清蒸鯽魚

增強免疫力

材料 鯽魚400克，蔥絲、紅椒絲、薑絲、薑片、蔥條各少許。

調料 鹽3克，蒸魚豉油、胡椒粉、食用油各適量。

作法
01. 將洗淨的蔥條墊於盤底，放上洗淨的鯽魚。
02. 鋪上薑片，再撒上少許鹽，醃漬片刻。
03. 將裝魚的盤子放入蒸鍋中，蓋上鍋蓋，用中火蒸7分鐘至鯽魚熟透。
04. 取出蒸好的鯽魚，揀去薑片和蔥條，再放上薑絲、蔥絲、紅椒絲，撒上少許胡椒粉調味，再淋上少許熱油。
05. 另起鍋，倒入蒸魚豉油燒熱。
06. 將燒熱的蒸魚豉油淋入盤中即成。

▶ 營養分析

鯽魚含有豐富的不飽和脂肪酸，對血液循環有利。鯽魚還含有豐富的硒元素，經常食用有抗衰老、養顏的功效，對腫瘤也有一定的預防作用，而且鯽魚肉嫩而不膩，還能開胃、滋補身體。

▶ 鯽魚相宜

黑木耳（潤膚抗老）、蘑菇（利尿美容）、豆腐（預防更年期綜合症）、紅豆（利水消腫）、蓴菜（增強免疫力）。

▶ 鯽魚相剋

蜂蜜（易對身體不利）、葡萄（刺激性大）、雞肉（不利於營養的吸收）。

鯽魚黑豆湯

降低血脂

材料 洗淨鯽魚400克、水發黑豆200克、薑片20克。

調料 鹽、雞粉各少許，米酒5cc、食用油適量。

作法
01. 起油鍋，下入備好的薑片爆香，放入鯽魚，用小火煎至散發出焦香味後翻轉魚身，再煎至兩面斷生。
02. 淋入少許米酒，再注入約700cc清水，蓋上鍋蓋，用大火煮沸。
03. 關火後，取下鍋蓋，將鍋中的材料連湯汁一起轉到砂煲中。
04. 砂煲放置於火上，放入洗淨的黑豆，蓋上鍋蓋，燒開後用小火煮約20分鐘。
05. 取下鍋蓋，調入鹽、雞粉拌煮片刻至入味。
06. 關火後盛出煮好的湯料，放入湯碗中即成。

鯽魚黃芪生薑湯

開胃消食

材料 洗淨鯽魚400克、老薑片40克、黃芪5克

調料 鹽、雞粉各2克，米酒5cc、食用油適量。

作法
01. 燒熱炒鍋，注油燒熱，下入老薑片爆香，放入鯽魚，用小火煎至散發出香味後翻轉魚身，再煎至鯽魚斷生，關火後盛出鯽魚，瀝乾油後放在盤中，備用。
02. 砂鍋中注入1,000cc清水燒開，下入洗淨的黃芪，蓋上鍋蓋，用小火煮約20分鐘至散發出藥香味。
03. 揭開鍋蓋，倒入煎好的鯽魚，淋入少許米酒提鮮，然後蓋好鍋蓋，用大火煮沸後，轉小火續煮約20分鐘至食材熟透。
04. 取下鍋蓋，調入鹽、雞粉拌勻，用大火續煮片刻。
05. 關火後盛出煮好的湯料，放入湯碗中即成。

點選「直接觀看，掃碼視頻」影片即可。

清蒸鱸魚

益氣補血

材料 鱸魚400克、蔥10克、紅椒15克，蔥白、薑絲、薑片各少許。

調料 豉油30cc，食用油、胡椒粉各適量。

作法
01. 將處理乾淨的鱸魚背部切開；蔥、紅椒切成絲。
02. 切好的鱸魚放入盤中，放上薑片、蔥白，放入蒸鍋中。
03. 蓋上鍋蓋，用大火蒸7分鐘至熟後，將蒸好的鱸魚取出。
04. 挑去薑片和蔥白，再撒上薑絲、蔥絲、紅椒絲和適量胡椒粉。
05. 鍋中加少許食用油，燒至七成熱，將熱油澆淋在鱸魚上。
06. 鍋中再加豉油燒開，將豉油淋入清蒸鱸魚盤底即可。

▶ 營養分析
鱸魚肉質細嫩、營養豐富，含蛋白質、脂肪、胺基酸、維生素以及多種礦物質，具有健脾益腎、補氣安胎等功效，對慢性腸炎、慢性腎炎、習慣性流產、產後少乳、術後傷口難癒合等有很好的食療作用。

▶ 鱸魚相宜
薑（補虛養身、健脾開胃）、胡蘿蔔（延緩衰老）、南瓜（預防感冒）、人參（增強記憶、促進代謝）。

▶ 鱸魚相剋
蛤蜊（導致銅、鐵等元素的流失）、乳酪（影響鈣的吸收）。

點選「直接觀看,掃碼視頻」影片即可。

薑絲鱸魚湯

增強免疫力

材料 鱸魚肉300克,薑絲、蔥花各少許。

調料 鹽4克、雞粉4克、胡椒粉3克,全脂牛奶、太白粉、食用油各適量。

作法
01. 將洗淨的鱸魚肉用斜刀切成薄片放入碗中,加入少許鹽、雞粉、胡椒粉抓勻入味,再倒入少許太白粉水,拌勻上漿。
02. 鍋中注入適量清水燒開,放入少許食用油,放入薑絲,加入少許鹽、雞粉、胡椒粉,再倒入醃漬好的魚肉片,拌煮片刻。
03. 蓋上鍋蓋,煮沸後轉中小火續煮約2分鐘至食材熟透後取下鍋蓋,倒入少許全脂牛奶,用湯勺攪拌均勻。
04. 撒上蔥花拌勻,用湯勺掠去浮沫。
05. 將煮好的鱸魚湯盛入碗中即成。

點選「直接觀看,掃碼視頻」影片即可。

蘿蔔鯽魚湯

開胃消食

材料 鯽魚1條、白蘿蔔250克,薑絲、蔥花各少許。

調料 鹽5克、雞粉3克,米酒、食用油、胡椒粉各適量。

作法
01. 將白蘿蔔切成絲。
02. 起油鍋,倒入薑絲爆香,放入處理乾淨的鯽魚略煎,轉動炒鍋,煎至焦黃時用鍋鏟翻面,再煎片刻。
03. 淋入米酒,加足量熱水,再加適量鹽、雞粉,蓋上鍋蓋,大火煮15分鐘至食材熟透。
04. 揭開鍋蓋,放入白蘿蔔絲,煮約2分鐘,再加入適量的胡椒粉。
05. 將鍋中材料倒入砂鍋中,再將砂鍋置於火上,燒開。
06. 關火,撒上備好的蔥花,端下砂鍋即可。

點選「直接觀看」掃碼視頻即可。

花生豬蹄煲

美容養顏

材料 豬蹄500克、蓮藕200克、水泡花生米160克、蔥條15克、薑片10克。

調料 鹽、雞粉、味素、花椒粉、米酒、白醋各少許，食用油適量。

▶ **營養分析**
花生含有豐富的不飽和脂肪酸、維生素等營養元素，有增強記憶力、抗老化、通乳等作用。

作法 01. 鍋中倒入適量清水，放入豬蹄，加少許白醋，加蓋燜煮至熟撈出，沖洗乾淨備用。

02. 起油鍋，倒入薑片、蔥條爆香，倒入豬蹄，加少許米酒翻炒勻。

03. 倒入足量清水，夾出蔥條，倒入花生、蓮藕拌勻，加蓋燜煮5分鐘。

04. 鍋中材料轉到砂煲，轉小火煲1小時，加鹽、雞粉、味素、花椒粉調味拌勻即成。

209

點選「直接觀看,掃碼視頻」影片即可。

豬蹄通草粥

材料 豬蹄350、大米180克、通草2克、薑片少許。

調料 鹽2克、雞粉2克、白醋4cc。

▶ 豬蹄相宜
木瓜(豐胸養顏)、黑木耳(滋補陰液、補血養顏)、花生(養血生精)、章魚(補腎)。

▶ 豬蹄相剋
鴿肉(易引起滯氣)

作法

01. 砂鍋中注入700cc清水燒開,倒入洗淨並且清理好的豬蹄塊。

02. 加入適量白醋,用大火煮沸,汆去血水後,將汆過水的豬蹄撈出。

03. 砂鍋中注入適量清水,用大火燒開,倒入豬蹄,放入薑片、通草,倒入泡好的大米,攪拌均勻。

04. 蓋上鍋蓋,燒開後用小火燉煮30分鐘至大米熟爛後揭蓋,加入適量鹽、雞粉,拌勻調味,盛出即可。

益氣補血

點選「直接觀看,掃碼視頻」影片即可。

甜醋豬蹄湯

美容
養顏

材料 洗淨豬蹄 350 克、老薑 70 克、紅棗 10 克、紅糖 50 克。

調料 白醋 5cc,米酒 4cc,甜醋、食用油各適量。

▶ **營養分析**

豬蹄含有大量膠原蛋白質,能防止皮膚過早摺皺,延緩皮膚衰老。此外,豬蹄還含有維生素及鈣、磷、鐵等營養物質,可補充產婦所需的營養。

作法 01. 去皮洗淨的老薑切小塊;紅糖切成段。

02. 鍋中注水燒開,倒入豬蹄,淋入白醋拌勻,汆燙約 2 分鐘撈出豬蹄,瀝乾水分待用。

03. 起油鍋,下入薑塊爆香,放入豬蹄、米酒、清水、紅棗煮沸關火,盛放在砂鍋中。

04. 砂鍋放火上,小火續煮 20 分鐘,倒入甜醋、紅糖,再用小火煮約 20 分鐘。

05. 盛出煲煮好的豬蹄湯即可。

點選「直接觀看」掃碼視頻」影片即可。

當歸墨魚湯

美容
養顏

材料 當歸5克、墨魚乾40克、薑片20克。

調料 鹽、雞粉各2克，米酒適量。

作法

01. 將洗淨的墨魚乾放入碗中，加入適量溫水，浸泡約15分鐘，使墨魚乾發開。

02. 砂鍋中注入約700cc清水燒開，放入泡發好的墨魚乾。

03. 下入洗淨的當歸，撒上薑片，淋入少許米酒，蓋上鍋蓋，煮沸後用小火煲煮約30分鐘至食材熟透。

04. 取下鍋蓋，調入鹽、雞粉拌勻，續煮片刻至入味。

05. 關火，盛出煮好的當歸墨魚湯，放在湯碗中即成。

▶ 營養分析

墨魚含有豐富的蛋白質、維生素A、維生素B群、鈣、磷、鐵等營養物質。墨魚不僅是一種高蛋白、低脂肪的滋補食品，還是產婦塑造體型、保養肌膚的理想保健食品。

▶ 墨魚相宜

核桃仁（輔助治療女子閉經）、黃瓜（清熱利尿、健脾益氣）、木瓜（補肝腎）、白糖（防治哮喘）。

▶ 墨魚相剋

茄子（可能引起身體不適）

點選「直接觀看」掃碼視頻」影片即可。

菜心炒牛肉

保肝
護腎

材料 菜心200克、牛肉120克，薑片、蒜片、蔥段各少許。

調料 鹽、雞粉各少許，醬油5cc，米酒6cc，太白粉、黑芝麻油、食用油各適量。

▶ 營養分析

牛肉含有豐富的蛋白質、胺基酸，能提高身體抗病能力，對產婦的調養、增強體質等方面都很有作用。

作法 01. 菜心切小段；牛肉切片裝碗，加鹽、雞粉、醬油、太白粉拌勻，加入食用油，醃漬15分鐘。

02. 鍋中注水燒開，加鹽和少許油，將菜心汆燙半分鐘。

03. 燒熱炒鍋，注黑芝麻油燒熱，加薑片、蒜片、蔥段、牛肉、米酒、菜心翻炒勻。

04. 再淋入醬油，加入鹽、雞粉，炒勻調味。

05. 倒入適量太白粉水勾芡。

06. 關火後，盛出炒好的菜餚即成。

蠔油蘆筍南瓜條

增強
免疫力

調料 鹽4克、雞粉2克,蠔油、醬油、食用油各少許。

作法

01.將洗淨去皮的蘆筍切成段;老南瓜切成條形。

02.鍋中注水燒開,放鹽,下入南瓜,淋入食用油汆燙一會。倒入蘆筍段,汆燙約半分鐘,撈出瀝乾水分,待用。

03.燒熱炒鍋,注入少許食用油燒熱,倒入汆燙好的南瓜和蘆筍,快速翻炒均勻,調入鹽、雞粉,淋入少許醬油。

04.再放入蠔油,翻炒至食材熟透入味,關火後,盛出炒好的蠔油蘆筍南瓜條即成。

▶ 蘆筍相宜
金針菜(養血止血、除煩)、白果(輔助治療心腦血管疾病)。

▶ 蘆筍相剋
羊肉(易導致腹痛)

點選「直接觀看，掃碼視頻」影片即可。

蘆筍甜椒雞片

開胃
消食

材料 蘆筍200克、彩椒45克、胡蘿蔔30克、雞胸肉180克，薑片、蔥段各少許。

調料 鹽、雞粉各少許，米酒5cc、食用油10cc、黑芝麻油15cc、太白粉適量。

▶ 營養分析

蘆筍含有豐富的維生素A、維生素C、胺基酸以及鉀、鋅等人體所必需的營養物質，能補充人體養分，促進食慾。

作法

01. 蘆筍切段；彩椒切絲；胡蘿蔔切條；雞胸肉切薄片放入碗中，加鹽、雞粉、太白粉拌勻，注入食用油，醃漬約15分鐘至入味。

02. 將胡蘿蔔、蘆筍、彩椒加入有油和鹽的沸水鍋中，汆燙至斷生。

03. 燒熱炒鍋，加黑芝麻油，下入薑片、蔥段、肉片、米酒、汆燙好的食材、鹽、雞粉炒勻。

04. 淋入少許太白粉水勾芡即成。

點選「直接觀看，掃碼視頻」影片即可。

杜仲西芹炒腰花

材料 豬腰180克、西芹150克、胡蘿蔔45克、杜仲片10克，薑片、蒜末、蔥段各少許。

調料 鹽3克、雞粉2克、玉米粉10克，米酒7cc，黑芝麻油、食用油各適量。

▶ **杜仲相宜**
烏骨雞（補虛損、強筋骨、調經止帶）、豬腰（保肝護腎）。

作法

01. 西芹切塊；胡蘿蔔切片；部分杜仲片切末；豬腰對半切開，去除筋膜，再切上花刀，切成小片。

02. 腰片裝碗加鹽、雞粉、米酒、玉米粉拌勻，注油，醃漬10分鐘；西芹、杜仲片、胡蘿蔔加油煮至斷生。

03. 燒熱炒鍋，注入黑芝麻油燒熱，下入薑片、蒜末、蔥段、腰片，翻炒幾下，淋入米酒炒香。

04. 倒入煮過的材料，撒上杜仲末、鹽、雞粉，翻炒至入味，淋上少許黑芝麻油炒勻即成。

益氣補血

點選「直接觀看,掃碼視頻」影片即可。

花生墨魚煲豬蹄

益氣補血

材料 豬蹄400克、水發墨魚乾80克、花生仁150克、薑片35克。

調料 鹽3克、雞粉2克、白醋4cc、黃酒10cc、食用油適量。

▶ 營養分析

花生含有維生素、卵磷脂、鈣、鐵等營養元素,病後體虛者、術後恢復期病人以及孕婦、產婦進食花生均有補養效果。

作法

01. 鍋中注水燒開,倒入剁好的豬蹄,加入白醋攪拌均勻,汆燙1.5分鐘,去除血水後撈出。

02. 砂鍋中注水燒開,倒入豬蹄、花生、墨魚乾、薑片,淋入黃酒和適量食用油,蓋上鍋蓋,用小火燉1小時。

03. 撈去湯中浮沫,放入適量鹽、雞粉,拌勻調味。

04. 將煲好的豬蹄盛出,裝入碗中即可。

木瓜通草龍骨湯

美容養顏

材料 木瓜250克、龍骨段280克、薑片20克、通草5克。

調料 鹽2克、雞粉少許、米酒5cc。

作法
01. 將洗淨去皮的木瓜切成丁。
02. 鍋中注水燒開，倒入洗淨的龍骨段攪拌均勻，汆燙約1分鐘，掠去浮沫汆去血漬後撈出，瀝乾水分，盛放在盤中，待用。
03. 砂鍋中注入約1,000cc清水燒開，放入龍骨段和洗淨的通草，再淋入少許米酒，蓋上鍋蓋，煮沸後用小火煮續約30分鐘。
04. 揭開鍋蓋，倒入木瓜丁、薑片輕輕攪拌均勻，蓋好鍋蓋，用小火續煮約20分鐘。
05. 取下鍋蓋，加入鹽、雞粉，拌勻，再煮片刻至入味。
06. 關火後盛出，放在湯碗中即成。

▶ 營養分析
木瓜味道香甜多汁，而且含有多種營養素，包括維生素C及蛋白質、鐵、鈣、木瓜酵素等，有預防感冒的功效。木瓜還含有大量的胡蘿蔔素，它是一種天然的抗氧化劑，對女性保養皮膚非常有幫助。

▶ 木瓜相宜
蓮子（促進新陳代謝）、椰子（能有效消除疲勞）、魚（養陰、補虛、通乳）、香菇（減脂降壓）。

▶ 木瓜相剋
胡蘿蔔（破壞木瓜中的維生素C）、南瓜（降低營養價值）。

木瓜花生煲雞爪

提神
健腦

材料 木瓜250克、雞爪180克、花生150克、薑片15克。

調料 鹽、雞粉各少許，米酒5cc。

▶ **營養分析**
雞爪的主要營養成分是脂肪、蛋白質和膠原蛋白，產婦適當食用可起到美容養顏的作用。

作法
01. 將洗淨去皮的木瓜切成丁；雞爪剁去爪尖。
02. 砂鍋中注水燒開，放入雞爪、花生米，淋入少許米酒煮沸，掠去浮沫，再撒上薑片。
03. 蓋上鍋蓋，轉小火煲煮約30分鐘後揭開鍋蓋，倒入木瓜丁。
04. 蓋好鍋蓋，用小火續煮約15分鐘後取下鍋蓋，調入鹽、雞粉，拌煮片刻至入味。
05. 關火後，盛出煮好的湯料即成。

點選「直接觀看，掃碼視頻」影片即可。

雞湯娃娃菜

增強
免疫力

材料 娃娃菜280克、枸杞5克、雞湯200cc。

調料 鹽、太白粉、黑芝麻油、食用油各適量。

▶ **娃娃菜相宜**
豬肉（補充營養、通便）、豬肝（保肝護腎）、鯉魚（改善妊娠水腫）。

▶ **娃娃菜相剋**
羊肝（破壞維生素C）

作法

01. 洗淨的娃娃菜切成瓣，放在盤中，撒上少許鹽，再淋入少許黑芝麻油，醃至入味。

02. 蒸鍋上火燒開，放入醃好的娃娃菜，蓋上鍋蓋，用大火蒸約10分鐘至食材熟軟，取出待用。

03. 起油鍋，倒入備好的雞湯，撒上枸杞，再調入適量鹽攪拌均勻，大火煮至湯汁沸騰。

04. 倒入少許太白粉水，拌勻，製成稠汁，關火後盛出稠汁，淋在蒸熟的娃娃菜上即成。

點選「直接觀看」掃碼觀頻」影片即可。

甜酒釀荷包蛋

提神
健腦

材料 雞蛋2個、紅糖40克、枸杞5克、米酒200cc。

作法 01. 鍋中注入約400cc清水燒開，放入準備好的紅糖，蓋上鍋蓋，用小火煮約10分鐘，至紅糖完全溶於水中。

02. 揭開鍋蓋，淋入約100cc米酒，再打入雞蛋。

03. 蓋好鍋蓋，用小火煮約5分鐘至雞蛋成型。

04. 揭開鍋蓋，倒入餘下的米酒攪拌勻，再煮片刻，撒入洗淨的枸杞。

05. 蓋上鍋蓋，續煮約3分鐘至雞蛋熟透。

06. 關火後，取下鍋蓋，盛出煮好的荷包蛋，放入湯碗中即成。

點選「直接觀看」掃碼觀頻」影片即可。

四紅湯

益氣
補血

材料 番薯150克、熟紅豆80克、紅棗20克。

調料 紅糖20克

作法 01. 將洗淨去皮的番薯切成小塊，裝入盤中備用。

02. 鍋中加入適量清水，放入洗好的紅棗，再倒入紅豆。

03. 蓋上鍋蓋，用大火煮沸鍋中的水後揭開鍋蓋，放入切好的番薯。

04. 蓋上鍋蓋，用大火燒開後，轉小火續煮約25分鐘至番薯熟透。

05. 揭開鍋蓋，加入備好的紅糖，用湯勺將鍋中材料攪拌均勻。

06. 蓋上鍋蓋，續煮2分鐘至紅糖完全溶化，關火後將煮好的湯盛出，裝入碗中即可。

點選「直接觀看」掃碼視頻影片即可。

紫米山藥糯米粥

開胃消食

材料 紫米100克、糯米180克、山藥120克、黑芝麻15克。

調料 紅糖20克

作法 01. 將去皮洗淨的山藥切小塊，浸入清水中。

02. 砂鍋中注入約800cc清水燒開，放入洗淨的糯米，攪拌均勻，再下入泡好的紫米，攪拌幾下，使米粒散開。

03. 撒上洗好的黑芝麻，攪拌幾下，蓋上鍋蓋，煮沸後用小火續煮約40分鐘至米粒變軟。

04. 揭開鍋蓋，倒入山藥丁，拌勻後蓋好鍋蓋，用小火續煮約15分鐘至全部食材熟透。

05. 取下鍋蓋，攪動幾下，再撒上紅糖拌勻，煮一會至紅糖完全溶化。

06. 關火後，盛出煮好的糯米粥，裝在湯碗中即可。

▶ 營養分析

山藥含有的皂甙、糖蛋白、鞣質、止權素、山藥城、膽鹼、澱粉及鈣、磷、鐵等，具有誘生干擾素的作用，有一定的抗衰老、美容功效。

▶ 山藥相宜

玉米（增強免疫力）、甲魚（養心潤肺）、芝麻（預防骨質疏鬆）、紅棗（補血養顏）。

▶ 山藥相剋

海鮮（增加腸內毒素的吸收）、菠菜（降低營養價值）。

點選「直接觀看,掃碼視頻」影片即可。

紅糖紅棗蓮子粥

益氣補血

材料 紅棗15克、水發蓮子100克、大米200克。

調料 紅糖35克

▶ 營養分析

紅棗營養豐富,含有蛋白質、脂肪、維生素、鈣、磷、鐵、鎂等成分。而且紅棗性溫,味甘,孕婦經常食用紅棗有補中益氣、養血安神的功效。

作法

01. 將泡發好的蓮子去心裝入碗中,待用。

02. 砂鍋中注入適量清水,大火燒開,倒入泡好的大米攪拌均勻,放入洗好的紅棗攪勻。

03. 再放入去好心的蓮子,攪拌均勻,蓋上鍋蓋,用小火煲40分鐘至食材熟爛。

04. 放入適量紅糖用湯勺拌煮,煮至紅糖溶化。

05. 將煮好的粥盛出,裝入碗中即可。

小米雞蛋紅糖粥

材料 小米200克、雞蛋1個。

調料 紅糖50克

▶ **小米相宜**

雞蛋（提高蛋白質的吸收率）、黃豆（健脾和胃、益氣寬中）、洋蔥（生津止渴、降脂降糖）、葛粉（防治胃熱煩渴）、苦瓜（清熱解暑）、桂圓（補血養心）。

作法

01. 將雞蛋打入碗中，用筷子將蛋液打散，調勻。

02. 砂鍋中注入適量清水，用大火燒開，倒入洗淨的小米，拌勻。

03. 蓋上鍋蓋，用小火煮40分鐘至小米熟軟後揭蓋，倒入適量紅糖攪拌均勻，煮至紅糖溶化。

04. 倒入準備好的蛋液，用湯勺攪拌均勻煮沸，將煮好的粥盛出，裝入碗中即可。

清熱解毒

點選「直接觀看」,掃碼視頻」影片即可。

四神紅棗糖水

益氣
補血

材料 水發蓮子40克、腰果20克、熟紅豆60克、板栗50克、紅棗15克。

調料 冰糖30克

▶ **營養分析**

紅豆富含鐵質,多攝取紅豆,有補血、促進血液循環、增強體力、增強抵抗力的效果,同時還有補充經期營養、舒緩經痛的作用。

作法 01. 鍋置旺火上,注入適量清水,倒入洗好的紅棗、腰果和板栗。

02. 再倒入蒸熟的紅豆以及泡好並去除蓮心的蓮子。

03. 蓋緊鍋蓋,大火煮開後改以慢火續煮約30分鐘至鍋中食材熟透。

04. 加入備好的冰糖,用湯勺拌煮2分鐘至冰糖完全化開。

05. 將煮好的糖水盛入碗內即可。

▶ **蓮子相宜**

豬肚(補氣血)、鴨肉(補腎健脾、滋補養陰)、銀耳(滋補健身)、南瓜(降脂降壓、通便)、百合(清心安神)、枸杞(烏髮明目)。

▶ **蓮子相剋**

螃蟹(易產生不良反應)

鵪鶉蛋酒糟湯

美容養顏

材料 熟鵪鶉蛋100克、酒糟100克、枸杞少許。

調料 白糖25克

作法 01. 鍋置旺火上,注入約200cc的清水燒熱,倒入備好的酒糟,拌勻,使之鋪開。
02. 蓋上鍋蓋,大火煮沸後用中火續煮約5分鐘,至酒糟熟軟。
03. 放入已經剝了殼的熟鵪鶉蛋。
04. 再撒上白糖,用湯勺輕輕拌勻,煮至白糖溶化。
05. 關火後將煮好的酒糟湯盛在湯碗中,撒上洗好的枸杞即成。

紅棗雞蛋糖水

益氣補血

材料 熟雞蛋2個、紅棗15克。

調料 紅糖30克

作法 01. 鍋置旺火上,注入約800cc的清水,放入紅棗。
02. 蓋上鍋蓋,用大火將水燒開,再轉成小火,續煮約15分鐘直至紅棗熟軟。
03. 放入已經去好殼的熟雞蛋。
04. 倒入紅糖,用湯勺攪拌片刻,使紅糖溶化。
05. 將鍋中的紅棗雞蛋糖水煮2～3分鐘,直至雞蛋入味。
06. 盛出做好的紅棗雞蛋糖水即可。

點選「直接觀看，掃碼視頻」影片即可。

紅棗補血粥

益氣
補血

材料 糙米150克、紅棗30克。

調料 白糖30克

▶ **營養分析**

紅棗含有粗纖維、糖類、有機酸、黏液質、鐵以及多種維生素，是滋補脾胃、養血安神、治病強身的良藥。紅棗還有養顏祛斑、健美豐肌的功效。

作法

01. 鍋中倒入約800cc清水，大火燒開，倒入洗淨的糙米，放入紅棗，輕輕攪拌均勻。

02. 蓋上鍋蓋，燒開後轉小火煮約40分鐘至糙米熟爛。

03. 揭開鍋蓋，撒上白糖攪拌均勻，續煮片刻至白糖完全溶化。

04. 盛出煮好的甜粥，放入碗中即成。

紅棗糯米粥

益氣補血

材料 紅棗7克、糯米100克。

調料 白糖10克

作法

01. 取一個乾淨的內鍋，放入已經洗好的紅棗、糯米。

02. 加入適量清水、白糖，用筷子拌勻。

03. 蓋上鍋蓋，選擇電子鍋功能中的「煲粥」模式，燉1小時至糯米熟軟。

04. 揭蓋，取出紅棗糯米粥，稍微放涼後即可食用。

▶ 營養分析

糯米含有蛋白質、鈣、鐵、維生素和澱粉等營養成分，具有補中益氣、健脾養胃、溫補強壯的功效，適合給患有如神經衰弱以及病後、產後的人食用，可達到滋補營養、養胃氣的功效。

▶ 糯米相宜

紅棗（溫中祛寒）、黑芝麻（補脾胃、益肝腎）、板栗（補中益氣）、蓮藕（調和氣血、清熱生津）、山藥（補脾胃、益肝腎）、當歸（滋補健身）。

點選「直接觀看，掃碼視頻」影片即可。

鵪鶉蛋甜奶湯

增強
免疫力

材料 熟鵪鶉蛋100克、紅棗50克、牛奶200cc。

調料 白糖適量

▶ 營養分析

鵪鶉蛋的蛋白質含量高，它還含有腦磷脂、卵磷脂、鐵和維生素等，有補益氣血、豐肌澤膚等功效，對有貧血、月經不調的女性調補、養顏、美膚功用尤為顯著。

作法
01. 鍋中倒入約450cc的清水，大火燒熱。
02. 倒入洗淨的紅棗，蓋上鍋蓋，煮沸後用小火續煮約15分鐘，至紅棗表皮裂開。
03. 揭開鍋蓋，倒入剝好殼的熟鵪鶉蛋，再撒上白糖拌勻。
04. 倒入牛奶拌勻，煮約1分鐘，至牛奶將沸時關火。
05. 盛出煮好的甜湯即成。

PART 6

產後營養餐
哺乳媽媽吃得全

產婦在生產後要透過進食
的方式來補充生產時大量
流失的能量，但是此時卻
不宜食用過多食物以免超
過身體負荷。這時就需要
選擇一些「精」的食物來
補充養分，這樣食物不僅
能更好的被人體消化吸
收，更有利於產婦的嬰兒
餵養和身形重塑。

點選「直接觀看」掃碼視頻」影片即可。

馬鈴薯炒芹菜

降壓
降糖

材料 馬鈴薯 120 克、芹菜 100 克、
紅椒絲少許。

調料 鹽、雞粉、白糖、食用油各適
量。

▶ 營養分析

芹菜是高血壓病及其併發症的食療
首選之品。對於血管硬化、神經衰
弱患者亦有輔助治療作用。芹菜含
鐵量較高，是缺鐵性貧血患者的佳
蔬。

作法 01. 將已去皮洗淨的馬鈴薯切絲，放入
裝有淡鹽水的碗中；洗淨的芹菜切
段，備用。

02. 在鍋中注入適量食用油，大火燒
熱，倒入切好的馬鈴薯絲、芹菜
段、紅椒絲，拌炒 2 分鐘至熟。

03. 加入鹽、雞粉，再撒入適量的白
糖，拌炒至入味。

04. 關火，盛入盤中即可。

點選「直接觀看，掃碼視頻」影片即可。

清炒馬鈴薯

開胃
消食

材料 馬鈴薯200克，青椒絲、紅椒絲各少許。

調料 鹽2克、味素1克，蠔油、太白粉、食用油各適量。

作法

01. 將去皮洗淨的馬鈴薯切成細絲，裝入碗中後，加少許淡鹽水浸泡片刻。

02. 鍋置旺火上，注入適量食用油燒熱，倒入青椒絲、紅椒絲，拌炒片刻。

03. 倒入馬鈴薯絲，拌炒約3分鐘至熟透。

04. 加入鹽、蠔油和味素，快速拌炒均勻使其入味，加入少許太白粉水勾芡，再淋入少許熟油，拌炒均勻。

05. 關火，將炒好的馬鈴薯絲盛出，裝入盤中即可。

▶ 營養分析

馬鈴薯含有豐富的維生素B群及優質纖維素，還含有微量元素、胺基酸、蛋白質、脂肪和優質澱粉等營養元素，具有延緩衰老、美容護膚、開胃消食的作用。

▶ 馬鈴薯相宜

辣椒（健脾開胃）、醋（可清除土豆中的龍葵素）、蜂蜜（可緩解胃部疼痛）、青椒（營養互補）。

▶ 馬鈴薯相剋

柿子（易形成胃結石）、石榴（易引起身體不適）。

素炒菜心

清熱
解毒

材料 菜心300克

調料 鹽3克，味素、米酒、食用油各適量。

作法
01. 將洗淨的菜心切去部分菜葉，留下菜心和葉梗裝入盤內，備用。
02. 將炒鍋置於旺火上，注入適量食用油，用大火燒熱，再加入少許清水，放入洗淨的菜心和葉梗，炒片刻。
03. 在鍋中淋入少許的米酒，再倒入適量鹽、味素，翻炒約1分鐘至熟透。

04. 再向鍋內淋入少許的清水，用鍋鏟快速拌炒均勻。
05. 關火，用筷子將炒好的菜夾入盤內，擺放整齊即成。

松子香菇

增強
免疫力

材料 鮮香菇200克、松子30克，薑片、蔥段各少許。

調料 鹽2克、雞粉少許、米酒4cc，醬油3cc，太白粉、食用油各適量。

作法
01. 把洗淨的香菇切成小塊。
02. 熱鍋注油，燒至三成熱，倒入洗好的松子，輕輕攪動，滑油約半分鐘，待松子呈金黃色後撈出，瀝乾油後盛入盤中，待用。
03. 鍋底留油燒熱，下入薑片、蔥段爆香，倒入切好的香

菇，翻炒均勻，淋上少許米酒炒均勻提鮮，注入適量清水，翻炒至食材熟軟。
04. 轉小火，加入鹽、雞粉，炒勻調味，再淋上醬油、太白粉水，翻炒均勻。
05. 關火後盛出炒好的香菇，撒上炸好的松子即成。

點選「直接觀看」掃碼視頻」影片即可。

素炒什錦

降低血脂

材料 青花菜100克、竹筍80克、苦瓜80克、水發木耳60克、萵筍100克、芹菜50克、胡蘿蔔80克，薑片、蒜末、蔥白各少許。

調料 鹽4克、雞粉2克、米酒4cc，太白粉、食用油各適量。

作法
01. 洗淨的木耳去根切小塊；青花菜切小朵；竹筍切片；苦瓜去籽切成片；萵筍切斜片；胡蘿蔔切成片；芹菜切成段。
02. 鍋中注水燒開，放入食用油、鹽、木耳、竹筍、苦瓜、胡蘿蔔、萵筍，汆燙約1分鐘，再放入青花菜，續煮半分鐘撈出。
03. 鍋中注油燒熱，下入薑片、蒜末、蔥白爆香，放入汆燙過水的材料翻炒片刻。
04. 加入適量雞粉、鹽、料酒，再倒入適量太白粉水，將鍋中食材炒勻至入味。
05. 盛出裝盤即可。

▶ 營養分析
青花菜的維生素C含量特別豐富，可美容養顏；此外，它還含有維生素B群、蔗糖、果糖及較豐富的鈣、磷、鐵等，是較好的血管清理劑，還能夠阻止膽固醇氧化，降低血脂。

▶ 青花菜相宜
胡蘿蔔（預防消化系統疾病）、番茄（防癌抗癌）、枸杞（對營養物質的吸收有利）。

▶ 青花菜相剋
牛奶（影響鈣的吸收）

點選「直接觀看」掃碼視頻」影片即可。

冰糖糯米藕

開胃
消食

材料 蓮藕450克、糯米150克、冰糖100克、麥芽糖50克、櫻桃少許。

調料 鹽適量

▶ 營養分析

蓮藕含有大量的維生素C和食物纖維，對肝病、糖尿病等患者都十分有益。蓮藕中還含有豐富的丹寧酸，具有收縮血管和止血的作用。

作法 01. 洗好的蓮藕從頂部切開，將泡好的糯米塞入蓮孔中，再將切下的蓋子蓋上，用牙籤固定。

02. 熱鍋注油燒至四成熱，放入蓮藕，滑油片刻後撈出備用。

03. 鍋留底油，倒入適量清水，放入冰糖、麥芽糖煮沸，再放入蓮藕，加蓋煮30分鐘。

04. 揭蓋，撈出蓮藕，拔去牙籤後切片擺盤。

05. 淋上鍋中餘下的糖汁，飾以櫻桃即成。

235

菜心燒百合

養心
潤肺

材料 菜心300克、百合40克、蒜末少許。

調料 鹽2克，雞粉、白糖各少許，米酒4cc，太白粉、黑芝麻油、食用油各適量。

▶**百合相宜**

蓮子（清心安神）、核桃（潤肺益腎、止咳平喘）、芹菜（潤肺止咳、清心安神）、大棗（滋陰養血、安神）、雞蛋（滋陰潤燥、補血安神、清心除煩）。

作法

01. 將洗淨的菜心切去根部，再切成小段，裝盤待用。

02. 起油鍋，下入蒜末爆香，倒入菜心翻炒幾下，淋上米酒炒香，放入洗淨的百合，翻炒至熟透。

03. 調入鹽、雞粉、白糖炒勻，注入少許清水，略煮片刻至菜梗熟透。

04. 再倒入少許太白水炒勻，放入適量黑芝麻油翻炒至食材入味，關火後盛出炒好的食材即成。

點選「直接觀看」，掃碼視頻」影片即可。

彩椒炒絲瓜

增強
免疫力

材料 彩椒120克、絲瓜150克、蒜末少許。

調料 鹽、雞粉各少許，黑芝麻油3cc，太白粉、食用油各適量。

▶ 營養分析

彩椒富含維生素A、維生素B群、維生素C以及糖類、鈣、磷、鐵等有益成分，產婦食用彩椒，可以滋養皮膚，提高免疫力。

作法

01. 將洗好的彩椒切成小塊；去皮洗淨的絲瓜斜刀切小塊。

02. 用油起鍋，下入蒜末爆香，放入切好的彩椒、絲瓜，快速翻炒均勻，以免糊鍋。

03. 注入少許清水，翻炒至食材熟軟，加入鹽、雞粉炒勻調味，淋上少許太白粉水，快速炒勻。

04. 最後淋入少許黑芝麻油炒勻、炒香，關火後盛出裝盤即成。

西芹炒木瓜

美容養顏

材料 西芹60克、木瓜160克、百合50克，胡蘿蔔片、薑片、蒜末、蔥白各少許。

調料 鹽2克、雞粉2克、香油3cc，太白粉、食用油適量。

作法

01. 將洗好的西芹切成段；去皮的木瓜切成片，裝入盤中，待用。

02. 鍋中倒入適量食用油燒熱，下入胡蘿蔔片、薑片、蔥白、蒜末，爆出香味，倒入切好的木瓜，拌炒一會。

03. 加入少許清水拌炒片刻，下入切好的西芹炒勻，放入洗淨的百合快速拌炒均勻。

04. 調入適量鹽、雞粉拌炒至食材入味。

05. 倒入適量太白粉水勾芡，再淋入適量香油拌炒片刻。

06. 關火，盛出裝盤即可。

▶ 營養分析

木瓜營養豐富，其含有多種胺基酸及鈣、鐵、維生素C，還含有木瓜蛋白酶、番木瓜鹼等成分。產婦哺乳期吃木瓜，具有催乳的作用，還有助於胸型的完美。

▶ 木瓜相宜

魚（養陰、補虛、通乳）、牛奶（明目、清熱、通便）、香菇（減脂降壓）。

點選「直接觀看」掃碼視頻」影片即可。

清炒蘆筍

材料 蘆筍150克

調料 鹽3克、味素3克、白糖3克、米酒3cc，太白粉、食用油各適量。

作法
01. 將洗淨的蘆筍去皮，切成3公分的長段。
02. 鍋中加約1,000cc清水，加鹽、少許食用油，倒入切好的蘆筍，汆燙1分鐘後撈出。
03. 起油鍋，倒入汆燙好的蘆筍，炒勻。
04. 淋入少量米酒炒香，再加入

適量鹽、味素、白糖炒勻調味。
05. 倒入少許太白粉水勾芡，繼續在鍋中拌炒均勻至熟透。
06. 盛出裝盤即可。

點選「直接觀看」掃碼視頻」影片即可。

清炒藕片

材料 蓮藕300克、蔥段5克。

調料 食用油30cc，白醋適量，鹽、料酒、太白粉、雞粉各少許。

作法
01. 將去皮的蓮藕切成薄片，放入白醋水中浸泡備用。
02. 鍋中注入清水燒開，加入鹽、白醋，倒入切好的藕片，汆燙約1分鐘，撈出。
03. 鍋置大火上，注油燒熱，倒入藕片炒約1分鐘。
04. 在鍋中淋入少許料酒，加入

鹽、雞粉炒至入味，再倒入蔥段翻炒片刻。
05. 加入少許的太白粉水，將鍋中的菜拌炒均勻，直至入味。
06. 盛入盤內即可。

點選「直接觀看」掃碼觀頻」影片即可。

草菇扒芥藍

增強
免疫力

材料 芥藍350克、草菇150克、胡蘿蔔少許。

調料 鹽3克，雞粉、白糖、蠔油、醬油、太白粉、高湯、香油、食用油各適量。

作法

01. 將洗淨的芥藍切開菜梗；草菇、胡蘿蔔切成片。
02. 鍋中倒入適量清水，加適量鹽、食用油，大火燒開，放入芥藍，汆燙約1分鐘至熟，撈出備用。
03. 鍋中倒入高湯煮沸，再放入切好的胡蘿蔔片、草菇片。
04. 加入鹽、雞粉、白糖、蠔油、醬油，拌勻調味，大火煮開。
05. 加入少許太白粉水勾芡，再淋入少許香油，拌勻。
06. 將草菇湯汁淋在芥藍上即成。

▶ 營養分析

草菇富含維生素C，經常食用能促進新陳代謝，增強抗病能力，孕產婦食用後可提高免疫力。草菇還能消食去熱、滋陰壯陽、護肝健胃，是優良的食藥兼用型的營養保健食品。

▶ 草菇相宜

豆腐（降壓降脂）、蝦仁（補腎壯陽）、豬肉（補脾益氣）、牛肉（增強免疫力力）。

▶ 草菇相剋

鵪鶉（臉上易生黑斑）

點選「直接觀看」掃碼視頻影片即可。

小炒荷蘭豆

開胃
消食

材料 荷蘭豆200克、百合100克、芹菜梗80克，彩椒、胡蘿蔔各50克，薑片、蒜末、蔥段各少許。

調料 鹽、味素、料酒、太白粉、食用油各適量。

▶ 營養分析

荷蘭豆含有豐富的碳水化合物、蛋白質、胡蘿蔔素和人體必需的胺基酸，有和中下氣、利小便等功效。

作法

01. 將洗淨的荷蘭豆去頭尾、胡蘿蔔切片、芹菜梗切段、彩椒切小塊。

02. 鍋中加水、鹽、食用油煮沸，倒入胡蘿蔔、荷蘭豆、彩椒和百合，氽燙約1分鐘撈出。

03. 熱鍋注油，放入薑片、蒜末、蔥段爆香，倒入芹菜梗和氽燙過的食材，翻炒均勻。

04. 轉小火，加料酒、鹽、味素調味，倒入少許太白粉水勾芡，用中火拌炒至入味。

05. 關火，盛入盤中即成。

點選「直接觀看」掃碼視頻」影片即可。

鮮玉米燴豆腐

材料 豬肉末120克、嫩豆腐450克、鮮玉米粒50克，青花菜、紅椒各少許，蔥花20克。

調料 辣椒醬30克，鹽、味素、雞粉、醬油、米酒、太白粉、食用油各適量。

▶ **豆腐相宜**
魚（補鈣）、番茄（補脾健胃）、白蘿蔔（有利消化）。

▶ **豬肉相剋**
蜂蜜（易導致腹瀉）

作法

01. 嫩豆腐洗淨，切成塊狀；紅椒切成粒。

02. 鍋中注水燒沸，加鹽，將青花菜、豆腐、玉米粒，各汆燙1分鐘後，撈出。

03. 炒鍋熱油，倒入肉末炒香，加醬油、米酒炒勻，加入紅椒、清水拌炒均勻，再加入辣椒醬拌勻。

04. 倒入豆腐、玉米，加鹽、味素、雞粉煮入味，用太白粉水勾芡，盛入盤中，放入青花菜、蔥花裝飾即成。

開胃消食

點選「直接觀看，掃碼視頻」影片即可。

黑木耳煎嫩豆腐

增強
免疫力

材料 水發木耳40克、金針菇90克、鮮香菇50克、嫩豆腐200克，薑片、蒜末、蔥段各少許。

調料 鹽3克、雞粉少許、米酒6cc、醬油3cc，太白粉、食用油各適量。

▶ 營養分析

金針菇富含維生素B群、維生素C、礦物質、胡蘿蔔素、胺基酸、多糖等，產婦食用對提高身體的免疫力很有幫助。

作法
01. 豆腐、木耳、香菇切塊；金針菇去根。
02. 鍋中加水燒沸，加入鹽、食用油，放入木耳、香菇汆燙1分鐘；起油鍋，將豆腐兩面翻煎3分鐘。
03. 鍋留油燒熱，下入薑片、蒜末、金針菇、木耳、香菇炒勻，淋入米酒、醬油炒勻。
04. 加入豆腐、水、鹽、雞粉炒勻，煮片刻，倒入適量太白粉水勾芡。
05. 撒上蔥段，拌炒至其斷生，關火後盛出裝盤即可。

點選「直接觀看」掃碼視頻」影片即可。

核桃仁拌西芹

提神健腦

材料 西芹90克、彩椒80克、核桃仁40克。

調料 鹽4克、雞粉4克、黑芝麻油3cc，食用油適量。

作法
01. 將洗淨的彩椒、西芹切成小塊。
02. 鍋中注水燒開，加入適量食用油、2克鹽，倒入西芹、彩椒汆燙半分鐘。
03. 熱鍋注油，燒至三成熱，倒入核桃仁，攪拌勻，炸約半分鐘撈出。
04. 取一個乾淨的碗，倒入汆燙好的西芹和彩椒，放入適量的鹽、雞粉、黑芝麻油，攪拌均勻。
05. 放入核桃仁，用筷子攪拌均勻。
06. 將拌好的食材盛入盤中即成。

▶ 營養分析
核桃含有亞油酸和維生素E，有潤肺、補腎、健腎等功效，是溫補肺腎的理想滋補食品。此外，核桃富含磷脂和賴胺酸，長期從事腦力勞動者和產婦常食能有效補充腦部營養，健腦益智，增強記憶力。

▶ 核桃相宜
鱔魚（降低血糖）、紅棗（美容養顏）、黑芝麻（補肝益腎、烏髮潤膚）、芹菜（補肝腎、補脾胃）、梨（預防百日咳）。

▶ 核桃相剋
白酒（易導致血熱）、黃豆（易引發腹痛、腹脹、消化不良）、甲魚（易導致身體不適）、茯苓（削弱茯苓的藥效）。

枸杞絲瓜溜肉片

增強免疫力

材料 秀珍菇85克、絲瓜90克、豬瘦肉片150克、枸杞5克,薑片、蒜末各少許。

調料 鹽、雞粉各少許,米酒4cc,太白粉、食用油各適量。

作法
01. 洗好的秀珍菇切塊;絲瓜切小塊;瘦肉切片裝碗中,加入少許鹽、雞粉、太白粉,拌勻,再加食用油,醃漬約10分鐘。
02. 鍋中注水燒開,加入鹽、食用油,再下入絲瓜、秀珍菇,汆燙半分鐘,待食材斷生後撈出。
03. 用油起鍋,下入薑片、蒜末爆香,放入瘦肉片,拌炒一會至肉色變白,淋入少許料酒炒香、炒透。
04. 倒入汆燙好的食材炒勻,加入鹽、雞粉炒勻調味,淋入少許太白粉水勾芡,撒上洗淨的枸杞,炒至斷生。
05. 關火後,盛出鍋中的食材即成。

黃瓜炒肉片

降低血脂

材料 黃瓜100克、豬瘦肉150克,蒜末、紅椒、蔥段各少許。

調料 鹽4克,太白粉、白糖、味素、米酒、食用油各適量

作法
01. 去皮的黃瓜去瓤,斜刀切片;紅椒切成片。
02. 洗淨的瘦肉切成片,裝入盤中,加鹽、味素、太白粉,抓勻,再淋入少許食用油,醃漬片刻。
03. 熱鍋注油,燒至四成熱,倒入瘦肉片滑油片刻撈出。
04. 鍋底留油,放蔥白、蒜末煸香,倒入黃瓜片、紅椒片炒香,倒入瘦肉片,加鹽、味素、白糖拌炒均勻。
05. 淋入少許米酒,加少許太白粉水拌炒均勻至入味。
06. 撒入剩餘的蔥葉,盛出裝盤即可。

245

點選「直接觀看」掃碼視頻」影片即可。

菌菇炒肉絲

增強
免疫力

材料 雞腿菇、蘑菇、香菇各120克，芹菜100克、五花肉150克，青椒、紅椒各10克，薑絲、蒜末各少許。

調料 鹽、味素、白糖、米酒、太白粉、食用油各適量。

作法 01.洗淨的雞腿菇、蘑菇、香菇切絲；芹菜切段；青椒、紅椒切細絲。

02.五花肉切絲裝入盤中，加鹽、味素抓勻，淋入太白粉水拌勻，倒入食用油，醃漬10分鐘。

03.鍋中注水燒熱，加少許鹽拌勻，放入雞腿菇、蘑菇、香菇汆燙至斷生，撈出備用。

04.鍋注油燒熱，放入薑絲、蒜末爆香，倒入肉絲，淋入少許米酒拌炒均勻，再倒入雞腿菇、蘑菇、香菇、芹菜、青椒、紅椒炒熟。

05.加鹽、味素、白糖調味，再淋入太白粉水進行勾芡。

06.淋入熟油炒勻，盛出裝盤即成。

▶ 營養分析

香菇富含碳水化合物、鈣、磷、鐵、煙酸，並含有香菇多糖、天門冬素等多種活性物質。香菇性平，味甘，具有化痰理氣、益胃和中、清熱解毒的功效。孕產婦食用可提高免疫力。

▶ 香菇相宜

牛肉（補氣養血）、木瓜（減脂降壓）、豆腐（有助吸收營養）、魷魚（降低血壓、血脂）、青豆（提高免疫力）、蘑菇（強身健體）、雞肉（補氣養血）。

▶ 香菇相剋

螃蟹（可能引起結石）

點選「直接觀看」掃碼視頻影片即可。

芝麻菜心

清熱
解毒

材料 菜心350克、紅椒15克，熟白芝麻、薑絲各少許。

調料 鹽3克、雞粉2克、味素2克，陳醋、米酒、香油、食用油各適量。

▶ **營養分析**

菜心富含蛋白質、碳水化合物、鈣、磷、鐵、胡蘿蔔素、核黃素、維生素等，性微寒，常食具有除煩解渴、清熱解毒的功效，尤其適宜孕產婦在燥熱時節食用。

作法 01.將洗好的菜心稍加整理；洗淨的紅椒切成絲。

02.鍋中注水燒開，加入少許鹽、食用油，放入菜心，汆燙約1分鐘至熟撈出，備用。

03.另起鍋注油燒熱，放入薑絲爆香，淋入米酒，加入少許清水、陳醋、雞粉、鹽、味素、香油，煮沸攪拌均匀，製成味汁。

04.將煮好的味汁淋在菜心上，撒上熟白芝麻和紅椒絲即成。

點選「直接觀看」掃碼視頻」影片即可。

菜心炒肉

養心
潤肺

材料 菜心500克、豬瘦肉150克，蒜片、胡蘿蔔片各少許。

調料 鹽3克，味素、雞粉、白糖、米酒、太白粉、食用油各適量。

▶ **豬肉相宜**
芋頭（滋陰潤燥、養胃益氣）、白蘿蔔（消食、除脹、通便）。

▶ **豬肉相剋**
田螺（容易傷腸胃）、鯽魚（會降低鯽魚的利濕功效）。

作法

01. 菜心切開梗；瘦肉切片裝盤，加鹽、味素、料酒、太白粉，拌勻，醃漬5分鐘，倒入油鍋中，炒熟備用。

02. 另起鍋，倒入適量清水，加入少許鹽、食用油，煮沸後放入菜心，汆燙片刻撈出，裝盤備用。

03. 鍋中注油燒熱後放入蒜片、胡蘿蔔炒香，放入菜心、瘦肉炒片刻，加鹽、雞粉、白糖，翻炒均勻。

04. 淋入少許米酒調味，再加入少許太白粉水快速拌炒均勻，盛入盤中即成。

點選「直接觀看」掃碼視頻」影片即可。

黃豆燉豬蹄

美容養顏

材料 豬蹄350克、水發黃豆180克、薑片20克。

調料 鹽、雞粉各2克，白醋10cc、米酒5cc。

作法 01.鍋中注水燒開，淋入少許白醋，倒入洗好的豬蹄，煮約3分鐘，汆去血漬，撈出瀝乾水分，放在盤中，待用。

02.砂鍋中注水燒開，撒上薑片，倒入汆燙好的豬蹄，下入洗淨的黃豆，攪勻。

03.淋入少許米酒攪拌均勻，用大火煮出酒香味，再掠去浮

沫，蓋上鍋蓋，轉小火燉煮約1小時至全部食材熟透。

04.取下鍋蓋，加入鹽、雞粉拌勻調味，煮片刻至入味。

05.關火後，盛出煮好的湯，裝在湯碗中即成。

點選「直接觀看」掃碼視頻」影片即可。

牡蠣煲豬排

益氣補血

材料 牡蠣肉200克、排骨塊400克、薑片30克。

調料 鹽3克、雞粉2克，黃酒、米酒、食用油各適量。

作法 01.鍋中注入約800cc清水燒開，倒入洗淨的排骨塊，用大火加熱煮沸，再加入適量的黃酒用湯勺拌勻，去除血水，將汆燙過的排骨撈出備用。

02.砂鍋中注入適量清水燒開，倒入排骨塊，放入薑片。

03.加入適量米酒攪拌均勻，蓋

上鍋蓋，用小火煲40分鐘至排骨熟透。

04.倒入洗淨的牡蠣肉拌勻，再蓋上鍋蓋，用小火再煲15分鐘。

05.放入適量鹽、雞粉，用湯勺拌勻調味。

06.將湯料盛出，裝入湯碗中即可。

菜心炒豬肝

保肝
護腎

材料 菜心300克、紅椒15克、豬肝100克，薑片、蒜末、蔥段各少許。

調料 鹽、味素、米酒、玉米粉、雞粉、辣椒醬、食用油各適量。

作法 01.洗淨的菜心稍加整理；紅椒切成小塊；豬肝切小片放碗中，加鹽、味素、米酒拌勻，撒上適量玉米粉拌勻，再倒入少許食用油，醃漬約10分鐘至入味。

02.鍋中注水，加食用油、鹽調味，放入菜心，汆燙至斷生，撈出瀝乾放入盤中，擺放整齊。

03.起油鍋，燒至六成熱，倒入薑片、蒜末、蔥段、紅椒爆香，倒入豬肝炒至斷生，轉小火，加鹽、雞粉、米酒拌炒調味。

04.放入適量辣椒醬拌炒至入味。

05.盛入盤中擺好即成。

▶ 營養分析

豬肝的鐵含量很高，是天然的補血佳品。豬肝還含有一般肉類食品中缺乏的維生素C和硒，能增強人體的免疫力，並能防止衰老、抑制腫瘤細胞的產生。

▶ 豬肝相宜

松子（促進營養物質的吸收）、榛子（有利於鈣的吸收）、腐竹（提高人體免疫力）、白菜（促進營養物質的吸收）。

▶ 豬肝相剋

山楂（破壞維生素C）、鯽魚（易引起中毒）、蕎麥（影響消化）。

point點選「直接觀看,掃碼視頻」影片即可。

豌豆燒牛肉

清熱
解毒

材料 豌豆100克、牛肉200克,青椒、紅椒各15克,薑片、蒜末、蔥白各少許。

調料 鹽3克、雞粉3克、白糖3克、小蘇打3克、米酒3cc,醬油3cc,太白粉、食用油、玉米粉各適量。

▶ 營養分析

豌豆富含不飽和脂肪酸、大豆磷脂、蛋白質、脂肪、胡蘿蔔素和多種礦物質,具有清熱、通乳及消腫的功效。

作法 01. 青椒、紅椒切丁;牛肉切丁加小蘇打、鹽、醬油拌勻,再加玉米粉拌勻,醃漬10分鐘。

02. 鍋中加水、食用油、鹽、豌豆汆燙1分鐘撈出;倒入牛肉丁攪散,汆燙至轉色即可撈出。

03. 鍋注油燒熱,放入牛肉滑油片刻撈出。

04. 鍋底留油,倒入青椒、紅椒、薑片、蒜末、蔥白、豌豆、牛肉丁炒勻,加料酒、鹽、雞粉、白糖炒勻調味。

05. 加太白粉水勾芡,繼續翻炒勻至熟透即可。

點選「直接觀看」掃碼視頻」影片即可。

萵筍牛肉絲

增強
免疫力

材料 萵筍200克、牛肉150克、紅椒20克,薑片、蒜末、蔥白各少許。

調料 鹽3克、雞粉3克、蠔油5克、醬油3cc、米酒5cc、太白粉、小蘇打、食用油各適量。

作法

01. 將去皮洗淨的萵筍切成絲;紅椒去籽切絲;牛肉切成片拍鬆散,再切成絲裝入碗中,加入醬油、鹽、雞粉、小蘇打、太白粉,抓勻,再淋入食用油,醃漬10分鐘至入味。

02. 炒鍋注油,燒熱,倒入蔥白、蒜末、薑片爆香,倒入牛肉,翻炒至轉色。

03. 加入紅椒、萵筍,拌炒一會兒,淋入少許米酒,炒出香味,注入少許清水,翻炒片刻,以免鍋中材料黏鍋。

04. 加鹽、雞粉和蠔油快速拌炒至入味。

05. 將鍋中材料盛出裝盤即可。

▶ 營養分析

牛肉屬高蛋白、低脂肪的食品,富含多種胺基酸和礦物質,具有消化、吸收率高的特點。牛肉還含有豐富的維生素B_6,食之可增強身體免疫力。

▶ 牛肉相宜

雞蛋(延緩衰老)、南瓜(排毒止痛)、白蘿蔔(補五臟、益氣血)、芹菜(降低血壓)。

▶ 牛肉相剋

鯰魚(易引起中毒)、田螺(易引起消化不良)。

牛肉娃娃菜

增強
免疫力

材料 牛肉250克、娃娃菜300克，青椒、紅椒各15克，薑片、蒜末、蔥白各少許。

調料 鹽5克、味素5克、白糖3克、小蘇打3克、醬油3cc、米酒3cc、蠔油3cc，雞粉、太白粉、食用油、辣椒醬各適量。

作法 01. 將洗淨的娃娃菜切瓣，紅椒、青椒切圈、牛肉切片。

02. 牛肉片加少許小蘇打、醬油、鹽、味素、太白粉，拌勻，加少許食用油，醃漬10分鐘。

03. 鍋中注水燒開，加鹽、娃娃菜汆燙至斷生。

04. 起油鍋，倒入娃娃菜炒勻，加入米酒、鹽、雞粉炒勻，加太白粉水勾芡，盛出裝盤。

05. 起油鍋，倒入薑片、蒜末、蔥白、牛肉炒勻，加入米酒、蠔油、辣椒醬、鹽、白糖、味素炒勻，倒入紅椒、青椒圈炒勻。

06. 加少許熟油炒勻，將炒好的牛肉盛在娃娃菜上即可。

▶ 營養分析

牛肉營養價值甚高，富含蛋白質、脂肪、維生素B群及鈣、磷、鐵等營養成分，有補中益氣、滋養脾胃、強健筋骨等保健功效，食之能提高身體抗病能力，產後調養的人特別適宜食用。

▶ 牛肉相宜

馬鈴薯（保護胃黏膜）、洋蔥（補脾健胃）、枸杞（養血補氣）、芋頭（改善食慾不振、防止便祕）。

▶ 牛肉相剋

白酒（易導致上火）、紅糖（易引起腹脹）、橄欖（易引起身體不適）。

點選「直接觀看，掃碼視頻」影片即可。

金針木耳炒雞片

材料 水發金針花120克、水發木耳60克、雞胸肉150克，薑片、蒜末、蔥段各少許。

調料 鹽4克、雞粉2克、米酒5cc，太白粉、黑芝麻油、食用油各適量。

▶ **金針花相宜**
黃瓜（利溼消腫）、豬肉（增強體質）、雞蛋（營養更均衡）。

▶ **金針花相剋**
鵪鶉（易引發痔瘡）

作法

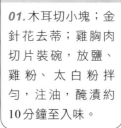

01. 木耳切小塊；金針花去蒂；雞胸肉切片裝碗，放鹽、雞粉、太白粉拌勻，注油，醃漬約10分鐘至入味。

02. 鍋中注水燒開，放入食用油、鹽，下入木耳汆燙片刻，再倒入金針花拌勻，汆燙約1分鐘，撈出瀝乾水分。

03. 起油鍋，下薑片、蒜末、蔥段爆香，倒入雞肉炒鬆變色，淋上米酒，倒入汆燙過的食材翻炒至熟透。

04. 加入鹽、雞粉炒勻，淋入太白粉水勾芡，放入黑芝麻油翻炒至食材入味，關火後盛出裝盤即成。

增強免疫力

點選「直接觀看」掃碼視頻」影片即可。

胡蘿蔔丁炒雞肉

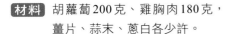

益氣補血

材料 胡蘿蔔200克、雞胸肉180克，薑片、蒜末、蔥白各少許。

調料 鹽4克、雞粉3克、米酒5cc，太白粉、食用油各適量。

作法
01. 將洗淨去皮的胡蘿蔔切成丁；洗好的雞胸肉切成丁裝入碗中，加入少許鹽、雞粉、太白粉抓勻，倒入適量食用油，醃漬10分鐘。

02. 鍋中注水燒開，倒入胡蘿蔔丁，加鹽拌勻，汆燙至八成熟撈出備用。

03. 起油鍋，放入薑片、蒜末、

蔥白爆香，倒入醃漬好的雞肉丁，炒鬆散。

04. 加入適量米酒炒香，倒入胡蘿蔔丁翻炒勻，再加入適量鹽、雞粉，炒勻調味。

05. 倒入適量太白粉水，快速拌炒均勻。

06. 將炒好的材料盛出，裝入盤中即可。

點選「直接觀看」掃碼視頻」影片即可。

糯米蒸牛腩

益氣補血

材料 泡發糯米200克、熟牛腩500克、蔥花少許。

調料 鹽3克、雞粉2克、味素2克，米酒、蠔油、醬油、玉米粉、五香粉各適量。

作法
01. 熟牛腩切塊。

02. 起油鍋，倒入牛腩炒香，加入料酒、蠔油、醬油翻炒勻，再加入鹽、味素，炒勻調味。

03. 加入少許清水，小火燒5分鐘煮至入味，再加入適量五香粉炒勻，盛出備用。

04. 糯米加鹽、雞粉攪拌，再放入玉米粉拌勻，將糯米撒在牛腩上。

05. 將備用的糯米牛腩放進蒸鍋中，用中火蒸20分鐘至熟，取出蒸熟的糯米牛腩。

06. 撒上蔥花，淋上少許熟油即可。

點選「直接觀看」掃碼視頻」影片即可。

木瓜炒雞丁

防癌
抗癌

材料 木瓜220克、雞胸肉120克、胡蘿蔔25克,薑片、蒜末、蔥白各少許。

調料 鹽3克、雞粉3克、米酒4cc,太白粉、食用油各適量。

作法 01. 去皮洗淨的木瓜切丁;胡蘿蔔切丁;雞肉切丁後,裝碗,放鹽、雞粉拌勻,倒入太白粉拌勻,注入食用油,醃漬10分鐘至入味。

02. 鍋中注水燒開,放入鹽、木瓜和胡蘿蔔,汆燙2分鐘至八成熟,撈出備用。

03. 鍋中注油燒熱,倒入薑片、蒜末、蔥白爆香,倒入醃漬好的雞丁,調成大火快速翻炒至雞丁轉色,倒入木瓜和胡蘿蔔翻炒。

04. 調入料酒、鹽、雞粉翻炒至雞丁入味。

05. 倒入適量太白粉水,快速拌炒均勻。

06. 將炒好的木瓜和雞丁裝入盤中即可。

▶ 營養分析

木瓜含有的凝乳酶有通乳的作用,最適合產婦食用。木瓜還含有蛋白質、多種維生素及胺基酸,可有效補充人體的養分,具有健脾消食、增強免疫力力等作用。

▶ 木瓜相宜

椰子(消除疲勞)、魚(養陰、補虛、通乳)、牛奶(明目清熱、清腸熱、通便)、香菇(減脂降壓)。

▶ 木瓜相剋

南瓜(降低營養價值)

點選「直接觀看」掃碼視頻」影片即可。

鳳梨燴雞翅

美容
養顏

材料 雞中翅400克、鳳梨肉200克、紅椒20克，薑片、蒜末、蔥白各少許。

調料 鹽3克、米酒3cc、雞粉3克，白糖3克，味素、食用油、香油、番茄醬、醬油各適量。

▶ 營養分析

鳳梨肉中含有蛋白質、蔗糖、有機酸、胺基酸、胡蘿蔔素等營養元素，能有效地滋養肌膚、防止皮膚乾裂、消除身體的緊張感、增強身體的免疫力。

作法
01. 雞中翅劃一字花刀；紅椒切片；鳳梨肉去心切塊，加鹽、味素、白糖、醬油、米酒拌勻，醃漬10分鐘。
02. 鍋注油燒熱，放入雞翅炸至金黃色撈出。
03. 用油起鍋，倒入薑片、蒜末、蔥白、紅椒、鳳梨、雞中翅炒勻，淋入米酒、水、鹽、雞粉、醬油慢火煮約3分鐘，大火收汁，加番茄醬炒勻。
04. 加香油翻炒片刻至入味，盛出即可。

點選「直接觀看」掃碼視頻」影片即可。

蜜汁雞翅

益氣補血

材料 雞中翅500克、蜂蜜30克，薑片、蔥條各少許。

調料 鹽3克、白糖2克，米酒、醬油、蠔油、食用油各適量。

作法
01. 洗淨的雞中翅加薑片、蔥條，放入米酒、醬油、鹽、白糖拌勻，醃漬10分鐘。
02. 熱鍋注油，燒至六成熱，倒入醃好的雞中翅，中火炸約5分鐘至熟透，撈出。
03. 鍋底留油，注入少許清水，倒入蜂蜜，加少許鹽拌勻燒開。
04. 倒入雞翅，加少許蠔油拌勻，煮約1分鐘至入味，小火收汁約2分鐘。
05. 將雞翅夾入盤內。
06. 淋入甜汁即可。

▶ 營養分析
蜂蜜含氧化酶、澱粉酶、酯酶、多種維生素以及鈣、鐵、錳、鉀等礦物質，具有補虛潤燥、降血壓、防止動脈硬化的作用，對中氣虧虛、肺燥咳嗽、胃痛、高血壓等病症有很好的食療作用。

▶ 蜂蜜相宜
茼蒿（潤肺化痰、止咳去熱）、柿子餅（對治療甲亢很有幫助）、馬鈴薯（緩解胃部疼痛）、蕎麥（引氣下降、止咳）。

▶ 蜂蜜相剋
豆腐（容易導致腹瀉）、韭菜（易引起腹瀉）、豆漿（不利於營養吸收）。

點選「直接觀看，掃碼視頻」影片即可。

黃豆燜雞肉

益氣補血

材料 雞肉300克、水發黃豆150克，蔥段、薑片、蒜末各少許。

調料 鹽、雞粉各4克，醬油4cc，米酒5cc、蠔油少許，太白粉、食用油各適量。

▶ **營養分析**

黃豆內含有豐富的維生素B群和鈣、磷、鐵等礦物質，具有益氣養血、健脾寬中、潤燥消水的功效。

作法 01. 雞肉切塊放碗中，加醬油、米酒、鹽、雞粉拌勻，加太白粉上漿，倒油，醃漬15分鐘。

02. 熱鍋注油燒熱，下入雞塊炸呈金黃色，瀝乾油，備用。

03. 鍋留油，倒入蔥段、薑片、蒜末、雞塊，轉小火加醬油、蠔油、米酒、清水、黃豆、鹽、雞粉炒勻，小火煮約20分鐘。

04. 取下鍋蓋，用鍋鏟將食材翻炒均勻，收汁，盛出燜煮好的菜餚即可。

點選「直接觀看」掃碼視頻」影片即可。

薏米燉雞

美容
養顏

材料 光雞350克、水發薏米50克、薑片少許。

調料 鹽、雞粉各2克,米酒少許。

▶ 雞肉相宜
枸杞(補五臟、益氣血)、檸檬(增強食慾)、金針菇(增強記憶力)。

▶ 雞肉相剋
鯉魚(易引起中毒)、李子(易引起痢疾)、菊花(易引起痢疾)。

作法

01. 將雞肉切成小塊,待用。

02. 鍋中注入約800cc清水燒開,倒入洗淨的薏米、薑片,輕輕攪拌,放入雞塊,再淋入少許米酒拌勻。

03. 用大火煮片刻,待湯汁沸騰後掠去浮沫,蓋上鍋蓋,轉用小火續煮約40分鐘至全部食材熟透。

04. 調入鹽、雞粉,掠去浮油續煮片刻至入味,關火後盛出煮好的湯料,放在湯碗中即成。

當歸黃芪烏骨雞湯

益氣
補血

材料 烏骨雞350克，當歸、黃芪、紅棗、薑片各少許。

調料 鹽3克、雞粉2克，胡椒粉、米酒各適量。

▶ 營養分析

烏骨雞內含豐富的黑色素、蛋白質、維生素B群等多種營養成分，其中菸酸、維生素E、磷、鐵、鉀、鈉的含量均高於普通雞肉，食用烏骨雞可以提高生理機能、延緩衰老、強筋健骨。

作法
01. 將洗淨的烏骨雞切成小塊，待用。
02. 鍋中倒入適量清水燒開，放入雞塊拌勻，煮約1分鐘，汆去血漬，撈出待用。
03. 砂煲中倒入清水燒開，倒入雞塊、紅棗、黃芪、當歸、薑片，淋入少許米酒加蓋，煮沸後轉小火，煲煮約40分鐘至雞肉熟透。
04. 加入鹽、雞粉、胡椒粉，用湯勺拌勻，調味。
05. 將煲煮好的食材盛入湯碗中即成。

點選「直接觀看」掃碼視頻」影片即可。

山藥烏骨雞湯

益氣補血

材料 烏骨雞300克、山藥100克、紅棗4克、薑片少許。

調料 鹽、雞粉、料酒各適量。

▶ **營養分析**

烏骨雞富含胺基酸、維生素、蛋白質以及鐵、磷、鈣、鋅等多種礦物質，具有滋陰補腎、益氣補血、添精益肝的作用，能調節人體免疫功能，抗衰老，對病後、產後貧血者有補血、促進康復的食療作用。

作法 01. 山藥切塊；烏骨雞洗淨，切小塊。

02. 鍋中注入適量清水燒開，倒入烏骨雞拌勻，汆煮約3分鐘去血水，將汆好的烏骨雞撈出，用清水清洗。

03. 鍋中另加清水燒開，放入薑片、紅棗，倒入烏骨雞塊，加入山藥，加入米酒煮沸。

04. 將鍋中的材料轉至砂煲中，加蓋，大火燒開後調小火燉煮約1小時。

05. 加入鹽、雞粉拌勻調味。

06. 略煮片刻端下砂煲即成。

▶ **烏骨雞相宜**

核桃（提升補鋅功效）、大米（養陰、祛熱、補中）、紅棗（補血養顏）。

黃芪雞肉湯

益氣
補血

材料 雞肉200克、豬瘦肉60克、黃芪10克、薑片少許

調料 鹽3克、雞粉2克、米酒5cc。

▶ 營養分析

豬瘦肉營養豐富，蛋白質含量很高，還富含維生素B$_1$和鋅等，有滋養臟腑、潤滑肌膚、補中益氣、滋陰養胃等功效，很適合病人和產婦食用。

作法 01. 將洗淨的雞、豬瘦肉切成小塊。

02. 鍋中加水燒開，倒入雞肉、瘦肉，用大火煮沸汆去血水後撈出，備用。

03. 砂鍋中注入適量清水燒開，倒入雞肉和瘦肉，放入洗淨的黃芪、薑片，再加入適量米酒蓋上鍋蓋，用小火煲40分鐘至食材熟爛。

04. 放入適量鹽、雞粉，用湯勺拌勻調味。

05. 將湯料盛出，裝入湯碗中即可。

火腿雞肉煲湯

材料 雞肉180克、豬瘦肉60克、火腿片45克、薑片少許。

調料 鹽3克、雞粉2克、米酒10cc、食用油適量

▶ 豬肉相宜
白菜（開胃消食）、蘆筍（有利於維生素B_{12}的吸收和利用）、茄子（增加血管彈性）。

▶ 豬肉相剋
鯽魚（會降低鯽魚的利溼功效）、菊花（易對身體不利）。

作法

01. 將洗淨的雞肉、瘦肉切塊；鍋中注水燒開，倒入雞肉、瘦肉、火腿片、米酒汆去血水撈出。

02. 將雞肉、瘦肉、火腿片、薑片放入乾淨的燉盅內。

03. 鍋中倒入適量清水，用大火燒開，放入適量鹽、雞粉、米酒，拌勻，調成清湯。

04. 將清湯注入燉盅蓋上盅蓋，放入燒開的蒸鍋中，用小火蒸1小時至食材熟爛，將燉盅取出即可。

美容養顏

點選「直接觀看」掃碼視頻」影片即可。

鮮蝦絲瓜湯

美容養顏

材料 絲瓜400克、蝦仁60克，薑絲、蔥花各少許。

調料 鹽2克、雞粉2克，胡椒粉、太白粉、食用油各適量。

作法 01. 將去皮洗淨的絲瓜切成薄片，蝦仁由背部切開，去除腸泥。

02. 將蝦仁放在碗中，放入少許鹽、雞粉、太白粉拌勻，醃漬約10分鐘至入味。

03. 用油起鍋，下入薑絲爆香，放入絲瓜片，翻炒幾下至其析出汁水，待絲瓜變軟後注水，蓋上鍋蓋，用大火煮約1分鐘至湯汁沸騰。

04. 倒入醃好的蝦仁，續煮一會至蝦身彎曲、肉質呈亮紅色，調入鹽、雞粉，撒上少許胡椒粉拌勻，掠去浮沫。

05. 關火後，盛出煮好的蝦仁湯，放在湯碗中，撒上蔥花即可。

▶ 營養分析

絲瓜含有多種維生素和礦物質，能很好地維持肌膚角質層的正常含水量，延長肌膚水合作用與減慢脫水，為肌膚補充足夠的水分，對產婦有保養肌膚的作用。

▶ 絲瓜相宜

青豆（防治口臭、便祕）、菊花（清熱養顏、淨膚除斑）、魚（增強免疫力力）、雞蛋（潤肺、補腎）、蝦（補腎、潤膚）。

▶ 絲瓜相剋

菠菜（易引起腹瀉）、蘆薈（易引起腹痛、腹瀉）。

冬瓜鮮蝦湯

材料 冬瓜300克、淨蝦仁60克、豬瘦肉80克、鮮香菇40克、薑片少許。

調料 鹽、雞粉各少許。

作法

01. 洗淨的香菇去蒂打上十字花刀;瘦肉切成小塊;冬瓜切小片;蝦仁用牙籤挑去腸泥,備用。

02. 砂鍋中注水燒開,倒入切好的冬瓜,撒上薑片,下入瘦肉塊、香菇,攪拌幾下。

03. 蓋上鍋蓋,煮沸後用小火煲煮約20分鐘至食材變軟後,倒入備好的蝦仁,輕輕攪拌至蝦身彎曲。

04. 再蓋上鍋蓋,用小火續煮約10分鐘後,加入鹽、雞粉拌勻,掠去浮沫,再煮片刻關火即可。

▶冬瓜相宜

海帶(降低血壓)、蘆筍(降低血脂)、甲魚(潤膚、明目)、鱸魚(輔助治療產後氣血虧虛)、蘑菇(利小便、降血壓)。

美容養顏

點選「直接觀看,掃碼視頻」影片即可。

干貝豆腐湯

益氣補血

材料 豆腐300克、鮮香菇40克、青豆100克、彩椒65克、金華火腿30克、干貝35克、蔥花少許。

調料 鹽、雞粉各2克,香油3cc、米酒5cc、食用油適量。

作法 01. 洗淨的香菇切粗絲;彩椒切小塊;金華火腿切細絲;豆腐切成小方塊。

02. 起油鍋,下入干貝,撒上火腿絲、香菇絲,淋入少許米酒,快速翻炒幾下。

03. 倒入青豆、彩椒,翻炒至青豆色澤翠綠,再注入清水,蓋上鍋蓋,燒開後用中火續煮約2分鐘。

04. 揭開鍋蓋,倒入豆腐塊,調入鹽、雞粉拌勻,用中小火續煮約2分鐘,淋上少許香油,拌煮片刻。

05. 關火後盛出煮好的豆腐湯,撒上蔥花即成。

點選「直接觀看,掃碼視頻」影片即可。

番茄豆腐湯

開胃消食

材料 番茄200克、豆腐150克、蔥花少許。

調料 鹽4克、雞粉2克、番茄醬10cc、食用油適量。

作法 01. 番茄切成小塊;豆腐切成小方塊。

02. 鍋中加適量清水,大火燒開,倒入豆腐汆燙約1分鐘,將豆腐撈出。

03. 在鍋中倒入適量的清水,用大火燒至沸騰,加入鹽、雞粉,淋入適量的食用油,再倒入洗淨切好的番茄煮沸。

04. 於鍋中加入番茄醬,用湯勺稍稍攪拌片刻,使番茄醬溶於湯中。

05. 倒入切好的豆腐,煮約2分鐘至熟透。

06. 將煮好的湯盛入湯大碗中,撒上蔥花即成。

點選「直接觀看」掃碼視頻」影片即可。

木瓜燉魚頭

開胃消食

材料 魚頭350克、木瓜300克、薑片30克。

調料 鹽3克、雞粉2克、胡椒粉1克、米酒5cc、食用油適量。

作法 01. 將洗淨去皮的木瓜切成丁，待用。

02. 起油鍋，放入洗淨的魚頭，煎出焦香味，將煎好的魚頭盛出，裝入盤中，備用。

03. 砂鍋中注入適量清水，用大火燒開，加薑片，放入煎好的魚頭，再加入適量米酒，蓋上鍋蓋，用小火燉15分鐘至魚頭熟透。

04. 放入切好的木瓜後蓋上鍋蓋，用大火煮沸。

05. 放入鹽、雞粉、胡椒粉用湯勺攪勻調味。

06. 將燉好的湯料盛出，裝入湯碗中即可。

▶ 營養分析

木瓜所含的番木瓜鹼具有抗腫瘤的功效，並能阻止人體致癌物質亞硝胺的合成。此外，木瓜含有的酵素能幫助分解肉食，可預防消化系統癌變。木瓜還可以幫助哺乳期婦女催乳。

▶ 木瓜相宜

蓮子（促進新陳代謝）、椰子（能有效消除疲勞）、魚（養陰、補虛、通乳）、牛奶（明目清熱、清腸熱、通便）。

▶ 木瓜相剋

南瓜（降低營養價值）、胡蘿蔔（破壞木瓜中的維生素C）。

清燉鯽魚湯

益氣
補血

PART 6

產後營養餐，哺乳媽媽吃得全

材料 鯽魚400克、薑片20克。

調料 鹽2克、米酒4cc、雞粉2克、食用油適量。

▶ **營養分析**

鯽魚富含蛋白質、谷胺酸、天冬胺酸等營養元素，可補陰血，通血脈，補體虛，還有益氣健脾、利水消腫、清熱解毒、通絡下乳、祛風溼病痛的功效，是產婦的催乳佳品。

作法 01. 將處理乾淨的鯽魚裝入碗中，放入適量鹽、米酒，抹勻。
02. 在碗中放上備好的薑片，加入適量的清水。
03. 將加工好的鯽魚放入燒開的蒸鍋中，用中火蒸15分鐘。
04. 將蒸好的鯽魚取出。
05. 在碗中加入適量雞粉，拌勻即可。

點選「直接觀看，掃碼視頻」影片即可。

栗子鱔魚煲

益氣
補血

材料 板栗150克、鱔魚肉200克，薑片、蒜末、蔥段各少許。

調料 鹽3克、雞粉3克、醬油5cc、米酒5cc，太白粉、食用油各適量。

作法 *01.* 將鱔魚肉切成小塊，裝入碗中放入少許鹽、雞粉、醬油、太白粉，抓勻，注入適量食用油，醃漬15分鐘至入味。

02. 熱鍋注油，燒至四成熱，倒入板栗，炸半分鐘至斷生，撈出，備用。

03. 鍋底留油，放入薑片、蒜末、蔥段煸香，倒入鱔魚塊炒勻，淋入米酒炒香，倒入板栗。

04. 加入適量鹽、雞粉、醬油，淋入少許清水炒勻調味，蓋上鍋蓋，用小火燜3分鐘。

05. 用大火收汁，倒入適量太白粉水，快速拌炒均勻後裝入砂煲中。

06. 砂煲置於旺火上燒開，關火端出即可。

▶ 營養分析

鱔魚含有蛋白質、脂肪、銅、磷等營養元素，有很強的補益功效，特別是對身體虛弱者、產婦、病後恢復者的功效更為明顯。此外，鱔魚還有補氣養血、溫陽健脾、滋補肝腎等保健功效。

▶ 鱔魚相宜

藕（可以保持體內酸城平衡）、木瓜（營養更全面）、蘋果（輔助治療腹瀉）、韭菜（口感好、增強免疫力力）、金針菇（補中益血）、松子（美容養顏）。

▶ 鱔魚相剋

南瓜（影響營養的吸收）、葡萄（影響鈣的吸收）。

點選「直接觀看」掃碼視頻」影片即可。

黑椒墨魚片

開胃
消食

材料 墨魚200克、洋蔥50克，青、紅椒各20克，薑片、蒜末、蔥白、黑胡椒各少許。

調料 鹽、味素、白糖、蠔油、料酒、雞蛋清、太白粉各適量。

▶ 營養分析

墨魚含有豐富的蛋白質，其殼含碳酸鈣、殼角質、黏液質及少量氯化鈉、磷酸鈣、鎂、鹽等。墨魚肉還可益胃通氣。

作法

01. 紅椒、青椒去籽切片；洋蔥切片；墨魚切片，加入鹽、雞蛋清、太白粉，抓勻，醃漬10分鐘。

02. 墨魚汆燙片刻撈出；蔥白、青椒、紅椒、洋蔥滑油片刻撈出，墨魚滑油後撈出。

03. 鍋留底油，入薑片、蒜末、蔥白、黑胡椒炒勻，加入青椒、紅椒、洋蔥、墨魚、鹽、味素、白糖、蠔油、米酒炒至入味。

04. 加入太白粉水勾芡，淋入熟油拌勻。

05. 盛出裝入盤中即可。

鯽魚花生木瓜湯

材料 鯽魚400克、木瓜150克、花生70克、薑片15克。

調料 鹽3克、雞粉2克、胡椒粉少許、食用油適量。

▶ **鯽魚相宜**
黑木耳（潤膚抗老）、蘑菇（利尿美容）、紅豆（利水消腫）、番茄（營養豐富）。

▶ **鯽魚相剋**
蜂蜜（易對身體不利）、雞肉（不利於營養的吸收）。

作法

01. 洗淨的木瓜去籽去皮，切成小塊。

02. 鍋中倒入食用油燒熱，放入薑片爆出香味，放入處理好的鯽魚，煎出焦香味，翻面，再煎片刻盛出。

03. 砂鍋中倒入適量清水燒開，放入洗淨的花生、鯽魚，蓋上鍋蓋，燒開後用小火燉20分鐘。

04. 放入切好的木瓜，用小火再燉10分鐘至食材熟透，放入適量雞粉、鹽、胡椒粉攪勻調味即可。

益氣補血

點選「直接觀看」掃碼視頻」影片即可。

山藥炒蝦仁

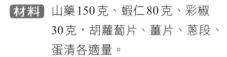

增強
免疫力

材料 山藥150克、蝦仁80克、彩椒
30克，胡蘿蔔片、薑片、蔥段、
蛋清各適量。

調料 鹽3克，味素、太白粉、米酒、
醋各適量。

作法 01. 去皮洗好的山藥切片，置於
醋水中；彩椒切成片。

02. 蝦仁從背部剖開，剔除腸
泥，裝入碗中，加入鹽、味
素、蛋清和太白粉，抓勻，
醃漬片刻。

03. 鍋中加水注油燒開，加醋、
鹽，將山藥片、彩椒入鍋汆

燙1分鐘撈出裝盤；再將蝦仁放入熱水鍋中汆
燙片刻後撈出。

04. 另起鍋注油燒熱，倒入蝦仁滑油片刻，撈出
備用。

05. 鍋留底油，倒入胡蘿蔔片、薑片、蔥段、山
藥、彩椒、蝦仁，加入鹽、少許米酒拌炒勻。

06. 再用太白粉水勾芡，盛入盤中即可。

點選「直接觀看」掃碼視頻」影片即可。

干貝蝦米炒
絲瓜

增強
免疫力

材料 干貝10克、蝦米30克、絲瓜
250克，薑片、蒜末、蔥段各
少許。

調料 鹽2克、雞粉少許、米酒4cc、
黑芝麻油3cc，太白粉、食用油
各適量。

作法 01. 去皮洗淨的絲瓜用斜刀改切
成小塊，待用。

02. 起油鍋，下入薑片、蒜末、
蔥段爆香，倒入干貝，翻炒
出鮮味。

03. 淋入米酒，炒勻提鮮，放入
絲瓜，翻炒均勻。

04. 待絲瓜顏色變深時注入少許清水，翻炒至食
材熟軟後加入鹽、雞粉，炒勻調味。

05. 倒入少許太白粉水勾芡，淋入少許黑芝麻
油，炒勻、炒透。

06. 關火後，盛出炒好的菜餚即成。

點選「直接觀看」掃碼視頻」影片即可。

木瓜百合炒蝦球

美容養顏

材料 木瓜200克、蝦仁60克、鮮百合40克、薑片、蒜末、蔥白各少許。

調料 鹽3克、雞粉3克、料酒4cc，太白粉、食用油各適量。

作法
01. 去皮洗淨的木瓜去籽切成丁；蝦仁去除腸泥裝入碗中，放入鹽、雞粉、太白粉，拌勻，倒入食用油，醃漬10分鐘。
02. 鍋中注水燒開，放入鹽，倒入木瓜，用大火汆燙約2分鐘，瀝乾水分，裝入盤中備用。
03. 鍋中倒油燒熱，下入蔥白、薑片、蒜末爆香，倒入蝦仁翻炒至轉色，倒入木瓜、米酒炒香。
04. 下入洗好的百合。翻炒至食材八成熟後放入適量鹽、雞粉，炒勻調味。
05. 倒入適量太白粉水，快速拌炒均勻。
06. 關火，盛出炒好的菜餚裝入盤中即可。

▶ **營養分析**

百合營養豐富，為滋補佳品，其含有澱粉、蛋白質、鈣、磷、鐵、維生素。常食百合具有寧心安神、美容養顏的功效，能清除煩躁，對失眠多夢、心情抑鬱有一定的輔助療效。

▶ **百合相宜**

杏仁（止咳平喘）、桂圓（滋陰補血）、芹菜（可潤肺止咳、清心安神）、哈密瓜（清心潤肺、健脾胃）、紅棗（滋陰養血、安神）、桃子（潤肺益腎、止咳平喘）、蓮子（清心安神）。

點選「直接觀看」掃碼視頻」影片即可。

蝦仁炒蛋

益氣
補血

材料 蝦仁60克、雞蛋2個、蔥花少許。

調料 鹽3克、雞粉2克，太白粉、香油、食用油各適量。

▶ **營養分析**

蝦仁富含鈣、蛋白質、鉀、碘、維生素A等營養成分，而且其肉質鬆軟、味道鮮美、易消化，是身體虛弱以及病後需要調養者極好的營養食物。

作法

01. 蝦仁背部切開去除腸泥後裝碗，加入鹽、雞粉、太白粉、食用油，抓勻，醃漬5分鐘後，用沸水汆燙至轉色撈出，再滑油片刻撈出。

02. 雞蛋打入碗中，加鹽、雞粉、香油，打散調勻。

03. 倒入蝦仁，放入蔥花，加入少許太白粉水，攪勻。

04. 起油鍋，倒入拌好的蝦仁蛋液小火炒片刻，拌炒至熟即可。

點選「直接觀看」掃碼視頻」影片即可。

鮮蝦芙蓉蛋

益氣補血

材料 雞蛋2個、蝦仁60克、蔥花少許。

調料 鹽2克、雞粉2克，太白粉、食用油各適量。

▶雞蛋相宜
苦瓜（對骨骼、牙齒及血管的健康有利）、干貝（增強人體免疫力）、韭菜（保肝護腎）。

▶雞蛋相剋
茶（不利腸胃消化）

作法

01. 將洗淨的蝦仁去除腸泥後裝碗，加鹽、雞粉、太白粉拌勻，再倒入食用油，醃漬10分鐘。

02. 雞蛋打入碗中，加少許鹽、雞粉，打散調勻，再加入適量溫水，調成蛋液倒入另一盤中。

03. 將蛋液放入燒熱的蒸鍋中，以小火蒸5分鐘後，放入蝦仁。

04. 蓋上鍋蓋，再蒸約2分鐘至材料熟透，將蒸好的食材取出，撒上蔥花即成。

點選「直接觀看」掃碼視頻」影片即可。

薏米紅豆粥

【材料】 大米50克，薏米、紅豆各50克。

【調料】 冰糖20克

【作法】
01. 取砂煲加入約1,200cc的清水，用大火燒開。
02. 依次倒入洗淨泡開的紅豆、薏米，再倒入淘洗乾淨的大米，用湯勺拌勻。
03. 蓋上鍋蓋，用慢火煮約40分鐘至熟透。
04. 加入冰糖拌煮約2分鐘至冰糖全部溶化。
05. 再攪拌片刻，直至鍋中食材全部熟軟。
06. 關掉火，盛出煮好的薏米紅豆粥，裝入準備好的碗中即可。

點選「直接觀看」掃碼視頻」影片即可。

玉米碎桂圓紅糖羹

【材料】 玉米碎50克、桂圓肉20克。

【調料】 紅糖15克

【作法】
01. 鍋中加入約800cc的清水，用大火將水燒開。
02. 將洗好的桂圓肉倒入鍋中，接著往鍋中倒入準備好的玉米碎，用湯勺將鍋中材料攪拌片刻至均勻。
03. 蓋上鍋蓋，轉小火煮20分鐘左右，使鍋中材料熟軟。
04. 將準備好的紅糖倒入鍋中，用湯勺輕輕攪動。
05. 再煮一會兒至紅糖完全溶入甜湯中。
06. 將煮好的甜羹盛出裝碗即可。

三鮮蒸滑蛋

清熱
解毒

材料 雞蛋2個、蝦仁30克、胡蘿蔔35克、豌豆30克。

調料 鹽4克、味素3克、雞粉6克，胡椒粉、太白粉、香油、食用油各適量。

作法 01. 去皮洗淨的胡蘿蔔切丁；洗淨的蝦仁切丁，加鹽、味素、太白粉拌勻，醃漬5分鐘。

02. 鍋中注水燒開，加鹽、胡蘿蔔丁、食用油、豌豆拌勻，汆燙約1分鐘，加入蝦肉，續汆約1分鐘，將鍋中的材料撈出備用。

03. 雞蛋打入碗中，加少許鹽、胡椒粉、雞粉打散調勻，加入適量溫水、香油調勻。

04. 取一碗，放入蒸鍋，倒入調好的蛋液加蓋，慢火蒸約7分鐘。

05. 加入拌好的材料後再加蓋，蒸2分鐘至熟透。

06. 將蒸好的水蛋取出，稍放涼即可食用。

▶ 營養分析

蝦仁含有豐富的蛋白質、脂肪、維生素及鈣、磷、鎂等礦物質，能很好地保護心血管系統，有利於老年人預防高血壓及心肌梗死。同時，蝦的通乳作用較強，對產婦有很大的補益功效。

▶ 蝦相宜

燕麥（有利牛磺酸的合成）、白菜（增強機體免疫力）、香菜（補脾益氣）、枸杞（補腎壯陽）、豆腐（利於消化）。

▶ 蝦相剋

西瓜（降低免疫力）、紅棗（同食可能引起身體不適）。

點選「直接觀看」掃碼視頻」影片即可。

雞肝小米粥

益氣補血

材料 雞肝100克、小米150克、薑片10克。

調料 鹽4克、雞粉3克、胡椒粉少許、米酒2cc、香油2cc，太白粉、食用油各適量。

作法

01. 將處理乾淨的雞肝切成片，裝入碗中，放入少許鹽、雞粉、太白粉、料酒抓勻，醃漬10分鐘至入味。

02. 砂鍋中注水燒開，放入淘洗好的小米，蓋上鍋蓋，燒開後用小火煲40分鐘至小米熟透。

03. 放入薑片、雞肝，拌勻煮沸。

04. 加入適量鹽、雞粉，拌勻調味，撒入少許胡椒粉。

05. 再淋入適量香油，用湯勺輕輕攪拌片刻至調味均勻。

06. 將煮好的雞肝粥盛出裝碗即可。

▶ 營養分析

雞肝鐵含量豐富，是最常用的補血食品。雞肝的維生素A含量遠遠超過奶、蛋、肉、魚等食品，有維持正常生活和生殖機能的作用，還能護眼，維持正常視力，防止眼睛乾澀、疲勞，維持健康的膚色。

▶ 雞肝相宜

大米（輔助治療貧血及夜盲症）、絲瓜（補血養顏）。

▶ 雞肝相剋

芥菜（降低營養價值）、白蘿蔔（降低營養價值）、香椿（降低營養價值）。

點選「直接觀看」掃碼視頻」影片即可。

棗蓮燉雞蛋

材料 熟雞蛋（去殼）3個、紅棗 30克、蓮子35克。

調料 白糖適量

▶ 紅棗相宜
桂圓（補虛健體）、蠶蛹（健脾補虛、除煩安神）、板栗（健脾益氣、補腎強筋）。

▶ 紅棗相剋
黃瓜（破壞維生素C）、螃蟹（易導致寒熱病）。

作法

01. 鍋中倒入約500cc 的清水燒熱，放入 蓮子與紅棗，攪拌 一下，使其在鍋底 鋪開。

02. 蓋好鍋蓋，用大 火煮沸後，放入熟 雞蛋。

03. 再撒上白糖， 蓋上鍋蓋，煮沸後 用小火續煮約20分 鐘，至白糖溶化。

04. 取下鍋蓋，攪拌 幾下，盛出燉煮好 的雞蛋，再倒入餘 下的材料即可。

美容養顏

點選「直接觀看,掃碼視頻」影片即可。

桂圓蛋花湯

材料 桂圓肉30克、雞蛋1個。

調料 紅糖35克

作法 01. 將雞蛋打入碗中,用筷子打散,調勻。

02. 砂鍋中注入適量的清水,用大火燒開。

03. 倒入洗好的桂圓肉,蓋上鍋蓋,用小火煲20分鐘。

04. 加入適量的紅糖,用湯勺輕輕地的攪拌片刻,煮至紅糖完全溶化。

05. 將備好的雞蛋液倒入鍋中,

用湯勺快速攪拌均勻,煮沸。

06. 將煮好的湯料盛出,裝入湯碗中即可。

點選「直接觀看,掃碼視頻」影片即可。

益母草煲雞蛋

益氣補血

材料 益母草12克、熟雞蛋2個。

作法 01. 將煮熟後的雞蛋輕輕地轉圈敲碎,剝去蛋殼,再將雞蛋放入碗中待用。

02. 砂鍋中注入適量清水,用大火將水燒開,倒入洗淨的益母草,再蓋上鍋蓋,轉成小火,將益母草煮20分鐘。

03. 倒入剝好殼的熟雞蛋。

04. 蓋好鍋蓋,繼續用小火煮10分鐘。

05. 關火後,用湯勺攪拌均勻。

06. 將煮好的湯盛出,裝入湯碗中即可。

點選「直接觀看」掃碼視頻」影片即可。

紅棗桂圓蛋湯

增強
免疫力

材料 鵪鶉蛋45克、紅棗30克、桂圓20克。

調料 紅糖30克

▶ 營養分析

鵪鶉蛋富含卵磷脂、鐵、維生素B群等營養元素，能補氣益血、強筋壯骨，對貧血、營養不良、神經衰弱、月經不調、高血壓、支氣管炎、血管硬化等還具有調補身體的作用。

作法

01. 鍋中加入約800cc清水，蓋上鍋蓋，用大火燒開。

02. 將洗好的紅棗倒入鍋中，再將桂圓倒入鍋中。

03. 蓋上鍋蓋，轉小火燉15分鐘至材料熟軟後揭蓋，將剝好殼的鵪鶉蛋倒入鍋中。

04. 將鍋中材料煮至沸騰，並用湯勺輕輕攪動，避免材料黏鍋。

05. 將紅糖倒入鍋中，用湯勺攪拌均勻，煮約3分鐘至完全溶化。

06. 關火，將煮好的甜湯盛入碗中即可。

▶ 紅棗相宜

人參（氣血雙補）、小麥（補血潤燥、養心安神）、甘草（補血潤燥、養心安神）、雞蛋（益氣養血）、黑木耳（預防貧血）、板栗（健脾益氣、補腎強筋）。

▶ 紅棗相剋

動物肝臟（破壞維生素C）、螃蟹（易導致寒熱病）。

糯米蓮子羹

益氣補血

材料 蓮子150克、糯米45克。

調料 白糖15克

▶ **營養分析**

糯米含有蛋白質、糖類、維生素B_1、維生素B_2、鈣、鐵、磷等營養物質,可益氣補脾,利小便,潤肺,對於脾胃虛弱、體疲乏力、多汗、嘔吐、產後痢疾等症有舒緩作用。

作法

01. 鍋中加入約800cc的清水,倒入洗淨的蓮子和糯米。
02. 蓋上鍋蓋,用大火燒開後,轉小火再煮30分鐘,煮至糯米熟透。
03. 用湯勺攪拌片刻,以免黏鍋。
04. 加入白糖,攪拌均勻後再煮片刻。
05. 待白糖完全溶化後關火,將煮好的羹盛入碗中即可。

木瓜燉燕窩

增強
免疫力

材料 木瓜70克、水發燕窩50克。

調料 冰糖30克

作法

01. 將已去皮洗淨的木瓜切成小丁，裝入碗內備用。

02. 鍋中加入適量清水，將冰糖倒入鍋中，蓋上鍋蓋，煮約2分鐘至冰糖完全溶化，盛入碗中，備用。

03. 將木瓜倒入碗中，再放入已泡發好的燕窩，最後將剩餘的糖水也盛入碗內，盛滿為止。

04. 將碗放入蒸鍋，用小火蒸2小時後揭蓋，將蒸好的燕窩取出即可。

▶ **木瓜相宜**
魚（養陰、補虛、通乳）、芒果（美膚養顏）。

▶ **木瓜相剋**
南瓜（降低營養價值）、胡蘿蔔（破壞木瓜中的維生素C）。

點選「直接觀看，掃碼視頻」影片即可。

奶香南瓜羹

增強免疫力

材料 牛奶150cc、南瓜80克。

調料 白糖40克、太白粉適量。

作法
01. 將洗淨的南瓜切去皮，再挖去南瓜瓤和籽，切成片。
02. 將切好的南瓜片放入蒸鍋中，用大火將南瓜片蒸15分鐘至熟軟。
03. 將蒸熟的南瓜取出，然後用刀將南瓜壓碎，剁成泥狀，備用。
04. 鍋中加入約300cc清水，將白糖倒入鍋中，煮約2分鐘

至白糖完全溶化。
05. 將牛奶倒入鍋中，大火煮至沸騰，再將南瓜糊倒入鍋中，用湯勺攪拌勻。
06. 加入少許太白粉水，用湯勺攪拌一會兒關火，將煮好的甜羹盛出即可。

點選「直接觀看，掃碼視頻」影片即可。

臺式米漿

益氣補血

材料 大米35克、紅米30克、花生仁30克、白芝麻3克。

調料 冰糖30克

作法
01. 鍋中倒入約1,000cc清水燒開，下入洗淨的紅米。
02. 放入淘洗並泡好的大米，倒入洗淨泡好的花生仁，再撒上已經準備好的白芝麻。
03. 蓋上鍋蓋，轉小火煮約1小時至鍋中材料完全熟透。
04. 放入冰糖，攪拌幾下，再蓋上鍋蓋，煮約2分鐘至冰糖

完全溶化。
05. 再攪拌片刻，直至鍋中食材全部熟軟。
06. 關火，盛出煮好的臺式米漿，裝入準備好的碗中即可。

點選「直接觀看,掃碼視頻」影片即可。

豆漿紅棗南瓜羹

養心
潤肺

材料 紅棗10克、豆漿200cc、南瓜500克。

調料 白糖15克

作法 *01.*將去皮洗淨的南瓜和洗好的紅棗都裝入碗中,備用。

*02.*蒸鍋中加入適量清水燒開,放入準備好的南瓜、紅棗,用中火蒸15分鐘後取出。

*03.*將紅棗切開,去核;把棗肉剁成末;將蒸熟的南瓜壓爛,剁成泥。

*04.*鍋中加入適量清水,用大火燒熱,倒入豆漿,放入適量白糖,拌勻,煮至白糖溶化。

*05.*加入紅棗末攪勻,煮至沸騰,倒入南瓜泥,攪拌均勻煮出香味。

*06.*將煮好的南瓜羹盛出,裝入碗中即可。

▶ 營養分析
南瓜含有蛋白質、胡蘿蔔素、維生素B群、維生素C和鈣、磷等成分。中醫認為,南瓜性溫,味甘,歸脾、胃經,能潤肺益氣、驅蟲解毒、治咳止喘、治療肺癰,並有美容的作用。

▶ 南瓜相宜
牛肉(補脾健胃)、蓮子(降低血壓)、豬肉(預防糖尿病)、山藥(提神補氣)、綠豆(清熱解毒、生津止渴)。

▶ 南瓜相剋
黃瓜(影響維生素的吸收)、羊肉(易引發腹脹、便祕)、番薯(易引起腹脹、腹痛)、小白菜(破壞營養物質)。

點選「直接觀看」掃碼視頻」影片即可。

甜酒煮阿膠

益氣
補血

材料 阿膠5克、甜酒150克。

作法

01. 鍋中加入750cc的清水，放入已經切好的阿膠。
02. 蓋上鍋蓋，用中火把水燒開後揭開鍋蓋，轉成小火，用湯勺不停地攪拌。
03. 煮約8分鐘直至阿膠溶化後，倒入備好的甜酒拌勻。
04. 再加上鍋蓋，用小火再煮2分鐘。
05. 拌煮一小會兒至酒味析出。
06. 將做好的甜酒阿膠湯盛出即可。

▶ **營養分析**

阿膠富含膠原蛋白質及多種微量元素，阿膠中所含的蛋白質、胺基酸總量可達75%，具有補氣養血、增強體力、強心益肺等作用。

▶ **甜酒相宜**

枸杞（可以補益腎臟）、梨子（有清除心燥、滋潤肺部的功效）、玫瑰花（可以滋養皮膚、美容養顏）。

會説話的食譜書——孕產婦營養餐

作　者	陳志田
文字整理	禾薇
文字校對	禾薇
美術設計	巧研有限公司
封面設計	黃聖哲
總編輯	俞品聿
執行編輯	張孝謙
行銷企劃	李秀菊
法律顧問	朱應翔 律師
	滙利國際商務法律事務所
	台北市敦化南路二段 76 號 6 樓之 1
	電話：886-2-2700-7560
法律顧問	徐立信 律師
出版者	樂友文化
地　址	235 新北市中和區中山路 2 段 350 號 5 樓
電　話	886-2-2240-0891
傳　真	886-2-2240-0798
初　版	2015 年 2 月
定　價	依封底價格為主
總經銷	易可數位行銷股份有限公司
	地址： 231 新北市新店區寶橋路 235 巷 6 弄 3 號 5 樓
	電話：886-2-8911-0825
香港總經銷	和平圖書有限公司
	地址：香港柴灣嘉業街 12 號百樂門大廈 17 樓
	電話：852-2804-6687

會説話的食譜書——孕產婦營養餐 / 陳志田主編. -- 初版. --
新北市：樂幼文化, 2015.02
面；　公分
ISBN 978-986-91064-6-7(平裝)
1.懷孕　2.健康飲食　3.營養　4.食譜

429.12　　　　　　　　　　　　　　103026811